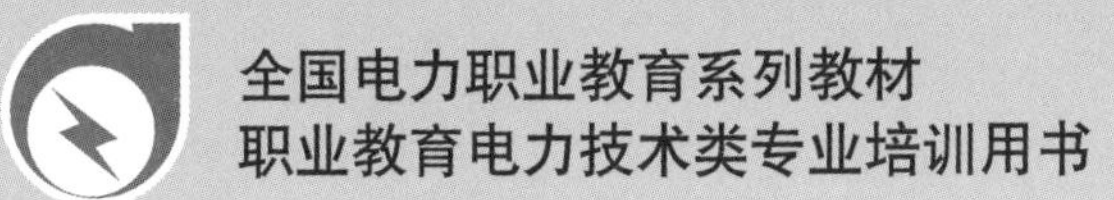

输电线路施工实训教程

主　编　汤晓青
副主编　杜印官
编　写　全昌前　杨　力
主　审　李世平

中国电力出版社
CHINA ELECTRIC POWER PRESS

内 容 简 介

本书共分3章。第1章安全作业，主要阐述架空输配电线路工程作业中高处作业的分级、安全要求和预控措施，不停电作业和停电作业的相关规定，以及外伤急救处理措施等。第2章常用工器具及其使用，主要阐述架空输配电线路工程作业中常用的手动工具、施工工器具、安全用具和绳结的种类、使用方法和注意事项。第3章技能实训项目，主要阐述触电急救、分坑测量、现浇混凝土基础施工、拉线制作、杆塔组立、杆塔接地电阻测量、验电挂接地线、导线钳压接续、导线绑扎、耐张线夹制作、防震锤安装、导线架设等架空输电线路施工过程中主要工作任务的施工工艺和方法。

本书可作为高职高专院校电力技术类高压输配电线路施工运行与维护专业“输电线路施工”课程配套的实训指导教材，也可作为相关岗位工作人员的自学和培训教材，还可供输配电线路专业技术人员参考。

图书在版编目（CIP）数据

输电线路施工实训教程/汤晓青主编. —北京：中国电力出版社，2009.6（2022.1重印）

全国电力职业教育规划教材

ISBN 978-7-5083-8758-1

Ⅰ.输… Ⅱ.汤… Ⅲ.输电线路—工程施工—职业教育—教材 Ⅳ.TM726

中国版本图书馆CIP数据核字（2009）第061775号

中国电力出版社出版、发行

（北京市东城区北京站西街19号 100005 http：//www.cepp.sgcc.com.cn）

三河市万龙印装有限公司印刷

各地新华书店经售

*

2009年6月第一版 2022年1月北京第五次印刷

787毫米×1092毫米 16开本 10.25印张 241千字

定价 **38.00** 元

前言

本书根据高职院校三年制高职“高压输配电线路施工运行与维护”专业的教学要求而编写。

本书共分3章，除简要介绍了架空输配电线路工程作业中必备的安全作业知识外，重点介绍了输配电线路作业人员常用工器具的使用方法，以及如何运用这些工器具完成一系列输配电线路岗位技能实训项目任务，每个技能实训模块均配有相应的技能考核标准。全书突出“基于工作过程，项目任务导向，理论知识‘必需够用’为度、充实技能操作内容”的高等职业教育特色，同时强调技能实训过程中的安全作业和标准化作业。为便于读者学习，书中采用130余幅源自实际工程或技能实训现场的实拍图片。

本书依据国家对高等职业教育的要求，国家现行的“规程、规范和标准”，国家电网公司现场标准化作业要求，四川省电力公司生产人员岗位培训考核标准等编成。

本书由四川电力职业技术学院汤晓青副教授担任主编，杜印官担任副主编，杨力、全昌前参编，四川省电力公司李世平高级工程师主审。杜印官编写了第1章及第2章2.1、2.2，杨力编写了第2章2.3、2.4，全昌前编写了第3章模块1、模块3、模块7、模块15，汤晓青编写第3章其余模块并完成全书统稿。本书编写过程中得到了四川省电力公司李龙江、李益林、李凯、曾炎等同志的诸多帮助，在此一并表示感谢。

本书的出版受四川省电力公司科技经费专项资助。

鉴于编者知识、技能水平的不足，书中尚有诸多不妥之处，恳请读者批评指正。

编　者

2009年4月

目 录

第1章

安 全 作 业

1.1 高 处 作 业

输配电线路，根据其结构的不同可分为架空输配电线路和电缆线路，其中架空输配电线路占了绝大部分。在架空输配电线路施工、运行及检修工程作业中，因其结构的原因，常需要攀爬到离地面一定高度位置展开作业。在架空输配电线路工程作业现场，借助于脚扣、三角板（踩板）等登高工具或爬梯、脚钉等登高设施，工作人员攀爬到达高处作业点展开作业称为高处作业，也称登高作业。本书中的作业对象均为架空输配电线路，以下简称输配电线路。

1.1.1 高处作业相关基本概念

1. 高处作业定义

凡在坠落高度基准面2m以上（含2m）、有可能坠落的高处进行的作业，均称为高处作业。高处作业分为一般高处作业和特殊高处作业两种。特殊高处作业包括强风高处作业、高温高处作业、雪天高处作业、雨天高处作业、夜间高处作业、带电高处作业、悬空高处作业和抢救高处作业。

2. 坠落高度基准面

通过可能坠落范围内最低处的水平面称为坠落高度基准面。

3. 可能坠落范围

以作业位置为中心，可能坠落范围半径为半径划成的与水平面垂直的柱形空间，称为可能坠落范围。

4. 基础高度

以作业位置为中心、6m为半径，划出一个垂直于水平面的柱形空间，此柱形空间内最低处与作业位置间的高度差称为基础高度。

5. 可能坠落范围半径

为确定可能坠落范围而规定的，相对于作业位置的一段水平距离称为可能坠落范围半径。其大小取决于与作业现场的地形、地势或建筑物分布等有关的基础高度。

6. 高处作业高度

作业区各作业位置至相应坠落高度基准面的垂直距离的最大值，称为该作业区的高处作业高度，简称作业高度。

1.1.2 高处作业分级

1. 高处作业的级别和可能坠落范围半径

一级高处作业：作业高度在2～5m，可能坠落范围半径为3m。

二级高处作业：作业高度在5～15m，可能坠落范围半径为4m。

三级高处作业：作业高度在15～30m，可能坠落范围半径为5m。

四级高处作业：作业高度在30m以上，可能坠落范围半径为6m。

2. 直接引起坠落的客观危险因素

（1）阵风风力六级（风速10.8m/s）以上。

(2) GB/T 4200—1997《高温作业分级》规定的Ⅱ级以上的高温条件。

(3) 气温低于10℃的室外环境。

(4) 场地有冰、雪、霜、水、油等易滑物。

(5) 自然光线不足，能见度差。

(6) 接近或接触危险电压带电体。

(7) 摆动，立足处不是平面或只有很小的平面，致使作业者无法维持正常姿势。

(8) 抢救突然发生的各种灾害事故。

(9) 超过GB 12330—1990《体力搬运重量限值》规定的搬运。

为了高处作业安全，要求现场的生产条件和安全设施等应符合有关标准、规范要求，工作人员的劳动防护用品应合格、齐备。现场使用的安全工器具应合格并符合有关要求。

1.1.3 对高处作业人员的基本要求

1. 高处作业人员的身体要求

经医师鉴定，无妨碍工作的病症。患有高血压、心脏病、恐高症、严重贫血、癫痫病以及其他不宜从事高处作业的病症人员，不得从事高处作业。高处作业人员应每年进行一次体检。

2. 高处作业人员的知识技能要求

高处作业人员具备必要的电气知识和业务技能，取得政府颁发的"高处作业（登高架设作业）特种作业操作证"。

3. 高处作业人员的安全教育

(1) 高处作业人员必须经过三级安全教育，并具备必要的安全生产知识，学会紧急救护法，特别要学会触电急救。三级安全教育是指新入厂（企业）职员、工人的厂级安全教育、车间级安全教育和岗位（工段、班组）安全教育，它是厂矿企业安全生产教育制度的基本形式。

(2) 高处作业人员必须系好安全带、穿软底鞋、戴安全帽，工作前严禁饮酒。

(3) 高处作业所用的工具和材料应放在工具袋内，或用绳索绑牢；上下传递物件应用绳索拴牢传递，严禁上下抛掷。严禁携带器材攀登杆塔或杆塔上移位。本书中钢筋混凝土电杆、铁塔、钢管塔等统称杆塔。

(4) 严禁利用绳索或拉线上下杆塔或顺杆下滑。

(5) 在带电体附近进行高处作业时，与带电体的最小安全距离必须符合表1-1的规定。遇特殊情况达不到该要求时，必须采取可靠的安全技术措施，经总工程师批准后方可施工。

表1-1　高处作业与带电体最小安全距离

带电体的电压等级（kV）	≤10	35	63～110	220	330	500
工具、安装构件、导线、地线与带电体的距离（m）	2.0	3.5	4.0	5.0	6.0	7.0
作业人员的活动范围与带电体的距离（m）	1.7	2.0	2.5	4.0	5.0	6.0
整体组立杆塔与带电体的距离（m）	应大于倒杆距离					

注　倒杆距离，是指自杆塔边缘到带电体的最近侧的最小安全距离。

1.1.4 高处作业的准备工作

1. 气候条件

杆（塔）上作业应在良好的天气下进行，在工作中遇见有6级以上大风以及雷暴雨、冰雹、大雾等恶劣天气时，应停止工作。

2. 杆塔的检查

上杆作业前，应先检查杆塔的基础、杆塔身和拉线是否部件齐全且牢固。新组立杆塔在杆塔基础未完全牢固或做好临时拉线前，严禁攀登。

3. 登高工具和设施的检查

登杆塔前，应先检查登高工具和设施，如脚扣、升降板、安全带、梯子和脚钉、防坠装置等是否完整、牢靠。

4. 安全带的检查

高处作业时，安全带（绳）应挂在牢固的构件上或专为挂安全带用的钢架或钢丝绳上，并不得低挂高用，禁止系挂在移动或不牢固的物件上，如避雷器、断路器（开关）、互感器等。系好安全带（绳）后应检查扣环是否扣牢。

5. 作业现场安全措施

在高处作业现场，工作人员不得站在作业处的垂直下方，可能坠落范围内不得有无关人员通行或逗留。在行人道口或人口密集区从事高处作业时，工作点下方应设围栏或采取其他保护措施。

1.1.5　高处作业的预控措施

由于高处作业的技术性和危险性，在实际操作过程中必须采取可靠的预控措施，以保护作业人员的安全。详细的预控措施如表 1-2 所示。

表 1-2　高处作业预控措施表

序号	作业内容	危险点	危险因素	预控措施
1	高处作业	杆根、拉线、脚扣、脚钉、爬梯、安全带、保护绳、防坠器	1. 高处坠落 2. 坠物伤人	1. 登杆塔前，应戴好安全帽，检查杆根、拉线、脚钉、爬梯是否完整、牢固 2. 在距地面 0.5m 处对脚扣进行冲击试验，检查脚扣的强度 3. 攀登杆塔过程中，手应攀抓主材、脚应踩脚钉 4. 安全带和保护绳应分挂在杆塔不同部位的牢固构件上，不得低挂高用 5. 系安全带（绳）后应检查扣环是否扣牢，应防止安全带从杆顶脱出或被锋利物割伤 6. 脚扣表面有裂纹、防滑衬层破裂、脚套带不完整或有伤痕严禁使用 7. 人员在转位时，手扶的构件应牢固，且不得失去后备保护绳的保护 8. 使用防坠器时，应检验其有效性 9. 传递工具材料必须使用绳索，携带、使用的工具材料应有防坠落措施
1.1	雨、雾天高处作业	脚扣、脚钉、爬梯	1. 误登杆塔 2. 登高工具粘泥水造成滑落 3. 工具潮湿造成放电 4. 保证足够安全距离	1. 攀登杆塔前必须检查线路杆塔标志，防止误登杆塔 2. 攀登杆塔前，应戴好安全帽，穿好雨衣、雨裤 3. 攀登杆塔前，应将绝缘鞋上的泥水清理干净，必要时可用毛巾擦干绝缘鞋 4. 攀登杆塔前，检查杆塔构件表面是否结霜，如有结霜必须采取除霜措施 5. 雨、雾天攀登杆塔及移位过程中，应适当提高与带电体的安全距离

续表

序号	作业内容	危险点	危险因素	预控措施
1.2	冰雪天高处作业	脚扣、脚钉、爬梯	1. 冻伤 2. 结冰造成滑落	1. 攀登杆塔前，应有足够的保暖措施，防止冻伤 2. 攀登杆塔前，应配备草袋或毛巾将绝缘鞋上的泥水清理干净 3. 攀登杆塔前，检查杆塔构件表面是否结冰，如有结冰必须采取除冰措施
1.3	大风天高处作业	脚扣、脚钉、爬梯	1. 坠落 2. 感应电伤人 3. 异物伤人	1. 五级以上风力，双回或多回同塔架设线路不得进行高处作业；六级以上风力，单回线路不得进行高处作业 2. 在有风天气攀登杆塔应穿屏蔽服或静电防护服、导电鞋 3. 攀登杆塔前，应戴好安全帽、防风镜，检查杆塔上附属物是否牢固 4. 攀登杆塔过程中，应面向下风侧攀登 5. 携带绳索攀登杆塔时，应注意控制绳索的摆动幅度，防止钩挂及安全距离不足
1.4	同塔多（双）回路作业	脚扣、脚钉、爬梯线路双重标志	1. 误登带电侧 2. 触电 3. 感应电伤人	1. 工作前，工作负责人应向工作班成员交待停电、带电部位和现场安全措施 2. 设专人监护 3. 作业人员登杆塔前，要确认停电线路名称、杆号是否相符，佩带色标应与现场色标相同 4. 在杆塔上进行工作时，严禁进入带电侧的横担或在该侧放置物件 5. 严禁在有同杆塔架设的10kV及以下线路带电情况下，进行另一回线路的停电检修工作 6. 停电检修的线路如在另一条带电线路（35kV及以上）上工作时，应采取安全可靠的措施 7. 导线上作业人员应使用个人保安线
2.1	安全工器具	安全带（绳）锁扣、安全帽颏带、验电器指示、接地线连接点	1. 高处坠落 2. 坠物伤人 3. 触电	1. 必须使用正规厂家的合格产品 2. 按周期进行试验，定期淘汰，应有良好的存放场所 3. 安全帽使用时，应将下颏带系好，帽壳破损、缺少帽衬、缺少下颏带等严禁使用 4. 验电器使用前必须进行自检，指示灯不亮或无音响等严禁使用 5. 接地线、个人保安线出现断股、螺栓松动、夹板损坏、挂钩损坏时不得继续使用 6. 绝缘手套使用前应进行检查 7. 系安全带（绳）时必须确认锁扣扣在环内，必须根据作业范围调整安全带及后备保护绳的长度，防止保护失效

续表

序号	作业内容	危险点	危险因素	预　控　措　施
2.2	绝缘工器具	工器具受潮、绝缘降低、绳索受损、使用不当、超期使用、运输/保管不当、超载使用	1. 身体碰伤 2. 高处坠落 3. 触电 4. 感应电伤人	1. 必须使用正规厂家的合格产品 2. 绝缘工器具应存放在通风良好、清洁干燥的专用库房内，并由专人保管 3. 应按周期，由具有相应资质的单位进行电气试验及机械试验，并附合格证。试验不合格的工器具必须及时淘汰 4. 绝缘工器具在储存、运输时不得与酸、碱、油类和化学药品接触 5. 在运输时绝缘工器具应采取有效的防护措施，防止受潮、受污、损伤 6. 使用前应进行外观检查，并使用专用仪器测量绝缘性能，合格后方可使用 7. 使用绝缘工器具必须与设备电压等级相符，使用时作业人员应注意不得小于绝缘有效长度 8. 严格按照说明书或作业指导书的程序使用，满足负荷荷载的要求
2.3	起重工器具	绳索磨损、断股，制动失灵，丝杠类工具螺纹磨损、超行程使用，超载使用	1. 沿面放电 2. 绝缘击穿	1. 操作人员持证上岗，按照规定使用 2. 由专人保养维护，定期检查、试验，并按铭牌额定范围使用 3. 有牙口、刃口及转动部分机具，应装设保护罩或遮栏 4. 机具的各种监测仪表以及制动器（刹车）、限制器、安全阀、闭锁机构等安全装置必须齐全、完好 5. 机具在运行中不得进行检修或调整 6. 使用动力工具工作中断时，应停机 7. 牵引工具进出口与邻塔悬挂点的高差角度及与线路中心夹角满足要求 8. 使用前对牵引工具设置的布置、锚固、接地装置以及机械系统进行全面检查，并作空载运转试验 9. 牵引工具严禁超速、超载及带故障运行；应放置平稳，并可靠接地；锚固钢丝绳不得用棕绳或铁丝代替；缠绕不得少于5圈 10. 绞磨拉尾绳不少于2人，不得站在绳圈内；受力时，不得采用松尾绳的方法卸荷 11. 钢丝绳按报废标准报废；插接的绳套，其插接方法、配合比及长度符合要求 12. 用于起吊或绑扎的绳索必须有防止磨损、磨（切）断的措施 13. 绳卡规格与钢丝绳按标准配合，不得混用，绳卡个数一般不得少于3只 14. 卸扣（俗称工具U型环）的螺杆必须紧固到位 15. 双钩及丝杠不得超行程使用

续表

序号	作业内容	危险点	危险因素	预控措施
2.3	起重工器具	绳索磨损、断股，制动失灵，丝杠类工具螺纹磨损、超行程使用，超载使用	1. 沿面放电 2. 绝缘击穿	16. 葫芦使用前应检查吊钩、链条、转动装置及制动装置，中途出现故障时，必须转移荷载后方可替代修理 17. 网套牵线使用时，导线穿入连接网套应到位，网套夹持导线的长度不得少于导线直径的30倍。网套末端应以细铁丝绑扎，不少于20圈 18. 卡线器规格、材质应与线材的规格、材质相匹配。卡线器有裂纹、弯曲、轴不灵活或钳口斜纹磨平等缺陷时，应予报废 19. 金属地锚出现严重腐蚀、板身变形，木质地锚出现腐烂时不得使用，且不得超载使用 20. 临时地锚不能作为永久地锚使用 21. 铁棒桩出现裂缝、桩体严重弯曲者不得使用；不能作为牵引地锚使用 22. 地锚分布和埋设深度，应根据其作用和现场的土质设置 23. 所有起重工具带荷载停留较长时间或过夜时，应采取后备保护措施
3.1	排、焊混凝土杆	混凝土杆滚动，气瓶爆炸，漏电，电弧	人身伤害	1. 排杆时，应平整地形，杆段掩牢，滚动杆段前方不得有人 2. 作业点周围5m内不得有易燃易爆物 3. 内端封闭的混凝土杆，应先将一端凿排气孔 4. 气瓶严禁烈日曝晒，乙炔气瓶应有固定措施，严禁卧放使用；气瓶装专用减压器，不同气体的减压器严禁换用或替用；瓶阀、乙炔管解冻时，严禁用火烘烤 5. 焊接时，氧气瓶与乙炔气瓶距离应大于5m，气瓶距明火大于10m；气瓶内的气体不得用尽 6. 氧气软管与乙炔软管严禁混用；软管不得横跨道路或遭重物挤压；软管产生鼓包、裂纹、漏气等现象应切除或更换，不得采用包缠等方法处理 7. 采用电焊焊接时，应防止漏电、电弧伤人 8. 工作结束后，应确认无火灾隐患
3.2	混凝土杆组立	指挥失误，混凝土杆倾倒	碰伤、砸伤	1. 组立现场必须设专人统一指挥，信号明确 2. 利用抱杆起吊混凝土杆时，起吊工具、抱杆的强度和刚度必须满足起吊重量要求，抱杆底座必须采取防沉措施 3. 混凝土杆的临时拉线应使用钢丝绳，地锚必须可靠，临时拉线做好之前不得登杆 4. 立杆时，主牵引地锚中心、抱杆顶、混凝土杆结构中心、制动地锚中心必须在一条直线上 5. 混凝土杆吊离地面0.8m左右时应暂停起吊，检查各部位受力是否正常、制动装置是否有效 6. 起吊过程中，杆坑内、受力钢丝绳内侧、杆高的1.2倍范围内不得有人

续表

序号	作业内容	危险点	危险因素	预 控 措 施
3.2	混凝土杆组立	指挥失误，混凝土杆倾倒	碰伤、砸伤	7. 使用吊车组立混凝土杆时，吊车应将支腿支在枕木（板）上，枕木应放置在坚实的地面上，不得以轮胎代替支架；起吊重量及吊臂长度、角度满足铭牌规定；吊挂钢丝绳间夹角不得大于120°；起吊绳应采取可靠的防滑动措施，混凝土杆和起重臂旋转范围内严禁有人
3.3	铁塔组立	抱杆倾倒，塔材跌落	碰伤、砸伤	1. 组立现场必须设专人统一指挥，信号明确 2. 组装时，禁止用手指伸入螺孔内找正，成堆角钢中选料不得抽拉 3. 起吊工具、抱杆的强度和刚度必须满足起吊重量要求 4. 用悬浮内拉线抱杆，拉线应绑扎主材节点下方，承托绳应绑扎在节点上方紧靠节点处且采取防切割措施；提升抱杆时应使用两道腰环，且在起吊塔材时腰环应全部松开，防止将抱杆折断 5. 杯型塔曲臂采用分段组装时，应用钢丝绳和双钩拉紧 6. 塔片在起吊过程中，塔上作业人员应站在塔身内侧安全位置，吊件下方不得有人
3.4	钢管杆组立	无证上岗，工具、机械使用不当	倾覆、翻车伤人	1. 钢管杆一般采用吊车组立，组立现场必须设专人统一指挥，信号明确 2. 吊车司机必须持证上岗 3. 插入式钢管杆应采用分段组立方式进行 4. 吊车应将支腿支在枕木（板）上，枕木应放置在坚实的地面上，不得以轮胎代替支架；起重重量及吊臂长度、角度按照铭牌规定；吊挂钢丝绳间夹角不得大于120° 5. 起吊绳应采取可靠的防滑动措施，钢管杆和起重臂旋转范围内严禁站人 6. 吊件吊离地面0.1m时应暂停起吊，检查各部位受力是否正常、制动装置是否有效 7. 吊车速度均匀、平稳，不得突然起落 8. 吊车严禁越过电力线进行作业，吊车在电力线下方或临近处作业时，必须采取可靠措施，由专人监护，防止触电
4.1	跨越架搭设	倒架，安全距离不足	1. 摔伤 2. 触电 3. 线路故障	1. 组立、拆除跨越架时，人员、材料必须与带电体保持足够的安全距离，由专人监护；组立的跨越架与带电体的安全距离必须满足运行线路的风偏要求；跨越架的拉线与运行线路保持足够的安全距离；跨越架的封网必须采用绝缘材料，使用前应测试其绝缘性能是否良好 2. 跨越架搭设宽度必须大于架设线路的风偏范围

续表

序号	作业内容	危险点	危险因素	预 控 措 施
4.1	跨越架搭设	倒架，安全距离不足	1. 摔伤 2. 触电 3. 线路故障	3. 跨越架必须采取防风措施，主柱埋深不得小于0.5m，支杆要埋入地面以下，绑扎用的铁线必须符合要求 4. 采用吊车组立跨越架时，应严格控制吊臂的转动范围，防止对运行线路放电 5. 跨越架必须设置警告标志 6. 采用跨越网跨越带电线路时，必须使用绝缘材料，并留有一定的安全裕度
4.2	挂滑车	绳套断裂，起吊工具过载	1. 坠物伤人 2. 高处坠落	1. 绳套选用合适，安装位置正确，有防止割伤的措施 2. 起吊500kV及以上线路整串瓷绝缘子或玻璃绝缘子与滑车时，应使用绞磨 3. 起吊前，检查绝缘子的弹簧销子是否齐全、有效 4. 工具、材料应用绳索传递，不得携带登塔 5. 使用前应检查放线滑车是否灵活可靠，挂钩必须封口 6. 起吊时杆下人员应戴安全帽，不得站在横担正下方
4.3	人力及机械牵引放线	牵引绳、导地线弹跳、倒架、掉线	1. 扎伤 2. 摔伤 3. 触电 4. 击伤	1. 放线时必须统一指挥，保证通信畅通 2. 展放导地线时，各跨越处必须设专人监护，防止牵引绳、导地线勾挂、伤人等 3. 每基杆塔必须设专人监护，发现牵引绳、导地线掉出轮槽，压接管通过滑轮时卡住，应立即汇报现场指挥 4. 在其他线路下方展放牵引绳、导地线时，应采取防止上弹的措施 5. 展放牵引绳、导地线时，人员要防止树桩、竹桩扎伤、刺伤，过沟时防止摔伤 6. 放线过程中，人员不得骑跨牵引绳、导地线，牵引绳、导地线的下方、内侧不得有人 7. 牵引绳、导地线出现勾挂时，排障人员要站在被挂角度的外侧，不得直接用手去拉，防止碰伤或带到高处坠落
4.4	张力放线	工具、机械使用不当，指挥、配合不当	1. 跑线伤人 2. 触电 3. 击伤	1. 放线时必须统一指挥，保证通信畅通 2. 牵引设备及张力设备的锚固必须可靠，要经常检查地锚情况；手扳葫芦用于锚线时必须予以封固 3. 牵引机和张力机必须可靠接地，牵引绳和导地线上应装设接地滑车，操作台上的操作人员应站在绝缘板上，保持绝缘良好 4. 展放导引绳时，各跨越处必须设专人监护，防止导引绳勾挂、伤人等 5. 每基杆塔必须设专人监护，发现导引绳、导地线掉出轮槽，应立即汇报现场指挥 6. 穿越其他线路时，应采取防止上弹的措施

续表

序号	作业内容	危险点	危险因素	预 控 措 施
4.4	张力放线	工具、机械使用不当，指挥、配合不当	1. 跑线伤人 2. 触电 3. 击伤	7. 展放导引绳时，人员要防止树桩、竹桩扎伤、刺伤，过沟时防止摔伤 8. 放线过程中人员不得骑跨导引绳，导引绳内侧不得有人 9. 导引绳出现勾挂时，排障人员要站在被挂角度的外侧，不得直接用手去拉，防止碰伤或带到高处坠落 10. 各杆塔、跨越处和压线滑车处须设专人监护 11. 牵引过程中，接到停车信号必须立即停止牵引 12. 导线的尾线或牵引绳的尾绳在线盘上或绳盘上的盘绕圈数不得少于6圈 13. 导线或牵引绳带张力过夜须采取临时锚固的措施 14. 旋转连接器严禁直接进入牵引轮或卷筒，拆除时注意牵引绳扭劲反转，以免将手卷入
4.5	导地线压接	工具、机械使用不当，爆炸	人身伤害	1. 压接时，手指不得伸入压模内；切割导线时防止伤及手指 2. 液压时，使用前检查液压钳体与顶盖接触口，严禁在未旋转到位的状态下压接；压接时，人体不得位于压接钳上方；压接过程中注意压力指示，不得过载使用；液压泵的安全溢流阀不得随意调整，并不得用溢流阀卸荷
4.6	紧挂线	超范围过牵引，感应电	1. 高处坠落 2. 触电 3. 跑线	1. 紧线时必须统一指挥，保证通信畅通 2. 在耐张杆塔上紧线时必须采用临时拉线进行补强 3. 导线划印前和在高处安装耐张线夹时，必须采取后备保护措施，防止跑线 4. 必须在停止牵引后，方可挂线；跨越带电线路或有平行、邻近的带电线路时，挂线前应将导线可靠接地
4.7	附件安装	保护绳使用不当，高处坠落，坠物，感应电	1. 高处坠落 2. 坠物伤人 3. 触电	1. 保护绳应挂在横担主材上，不得挂在导线上；安装间隔棒时，安全带挂在上子导线上 2. 安装附件前，必须挂接地线 3. 地线附件安装不得用肩扛 4. 不得在相邻杆塔上同时、同相安装附件，作业点垂直下方不得有人 5. 提升导地线前必须采取后备保护，防止掉线 6. 在跨越带电线路的导线上测量间隔棒距离时，必须使用合格的绝缘绳 7. 塔上、塔下传递工具、材料时，必须使用绳索

1.2 不停电与停电作业

1.2.1 不停电跨越的一般规定

1. 不停电跨越的规定

(1) 跨越施工前，应由技术负责人按线路施工图中交叉跨越点断面图，对跨越点交叉角度、被跨越不停电电力线路架空地线在交叉点的对地高度、下导线在交叉点对地高度、导线边线间宽度、地形情况进行复测。根据复测结果，选择跨越施工方案。

(2) 复测跨越点断面图时，应考虑环境温度的变化（即复测季节与施工季节的温差）。

(3) 跨越不停电电力线路施工，应严格按 DL 409—1991《电业安全工作规程》规定的"电力线路第二种工作票"制度执行。电力线路第二种工作票应由电业生产运行单位签发，并按规定履行手续。施工过程中，施工单位必须设安全监护人，电业生产运行单位必须派员进行现场监护。

(4) 跨越不停电电力线路，在架线施工前，施工单位应向运行单位书面申请该带电线路"退出重合闸"，待落实后方可进行不停电跨越施工。施工期间发生故障跳闸时，在未取得现场指挥同意前，严禁强行送电。

(5) 在跨越档相邻两侧杆塔上的放线滑车均采取接地保护措施。在跨越施工前，所有接地装置必须安装完毕且与铁塔可靠连接。

(6) 起重工具和临时地锚应根据其重要程度将安全系数提高 20%～40%。

(7) 在带电体附近作业时，人体与带电体之间的最小安全距离必须符合表 1-1 的规定。

(8) 临近带电体作业时，上下传递物件必须用绝缘绳索，作业全过程应设专人监护。

(9) 绝缘工具必须定期进行绝缘试验，其绝缘性能应符合附表 2 的规定；每次使用前应进行外观检查。绝缘绳、网有严重磨损、断股、污秽及受潮时不得使用。

(10) 参加跨越不停电线路施工的人员应熟悉施工工器具的使用方法、使用范围及额定负荷，不得使用不合格的工器具。

(11) 跨越施工用绝缘绳、网，在现场应按规格、类别及用途整齐摆放在防水帆布上。

(12) 跨越不停电线路架线施工应在良好天气下进行，遇雷电、雨、雪、霜、雾、相对湿度大于 85%或 5 级以上大风时，应停止作业。如施工中遇到上述情况，则应将已展放好的网、绳加以安全保护。

(13) 跨越施工完后，应尽快将带电线路上方的封顶网、绳拆除。

2. 操作使用的绝缘工具长度

绝缘工具的有效长度不得小于表 1-3 的规定。

表 1-3　　绝缘工具的有效长度

工具名称	带电线路电压等级（kV）						
	≤10	35	63	110	220	330	500
绝缘操作杆（m）	0.7	0.9	1.0	1.3	2.1	3.1	4.0
绝缘承力工具、绝缘绳（m）	0.4	0.6	0.7	1.0	1.8	2.8	3.7

注　传递用绝缘绳索的有效长度，应按绝缘操作杆的有效长度考虑。

1.2.2 有跨越架不停电架线

1. 有跨越架不停电架线的规定

（1）跨越架顶面的搭设或拆除，应在被跨越电力线路停电后进行。

（2）跨越架的宽度应超出新建线路两边线各2m；在跨越电气化铁路和35kV及以上电力线路的跨越架上使用绝缘尼龙绳、绝缘网封顶时，满足如下要求：

1）绝缘绳、网的弛度不得大于2.5m，且距架空避雷线（光缆）的最小净间距不得小于表1-3的规定。在雨季施工时，应考虑绝缘网受潮后弛度的增加。

2）在多雨季和空气潮湿情况下，应在封网承力绳与架体横担连接处采取分流调节保护措施。

（3）跨越电气化铁路时，跨越架与电力线路的最小安全距离，必须满足35kV电压等级的有关规定。

（4）跨越不停电线路时，作业人员不得在跨越架内侧攀登或作业，并严禁从封顶架上通过。

（5）导线、避雷线（光缆）通过跨越架时，应用绝缘绳作引渡；引渡或牵引过程中，架上不得有人。

2. 跨越架与带电体的最小距离

跨越架架面距被跨电线路导线之间的电气最小安全距离，在考虑施工期间的最大风偏后不得小于表1-4的规定。

表1-4 跨越架与带电体的最小安全距离

跨越架部位	被跨越电力线电压等级（kV）					
	≤10	35	66～110	220	330	500
架面与导线的水平距离（m）	1.5	1.5	2.0	2.5	5.0	6.0
无避雷线（光缆）时，封顶网（杆）与导线的垂直距离（m）	1.5	1.5	2.0	2.5	4.0	5.0
有避雷线（光缆）时，封面网（杆）与避雷线（光缆）的垂直距离（m）	0.5	0.5	1.0	1.5	2.6	3.6

1.2.3 无跨越架不停电架线

无跨越架的带电跨越电力线路施工，必须按DL 409—1991《电业安全工作规程》的有关规定执行，并由带电作业专业人员承担。

1.2.4 停电作业

1. 停电作业的安全和技术要求

（1）停电作业前，施工单位技术负责人应根据线路施工设计图中交叉跨越点断面图，会同运行人员对交叉跨越处现场进行实地勘查。核对需停电电力线路的名称、电压等级、跨越处两侧的起止杆塔号、有无分支线及同杆塔架设的多回电力线。根据现场勘查的结果，确定停电作业安全技术措施方案。

（2）施工单位应向运行单位提交书面停电申请（包括工作任务、人员状况和安全措施要求）和施工安全技术措施。经运行单位审查同意后，应由所在运行单位严格按DL 409—1991《电业安全工作规程》的规定签发“电力线路第一种工作票”，并履行工作许可手续。

(3) 停电、送电工作必须指定专人负责。严禁采用口头或约时停电、送电。

(4) 参加停电作业的人员宜使用静电报警装置。

(5) 在未接到许可工作命令前，只能在地面做工作前的准备工作。

(6) 工作负责人在接到已停电许可工作命令后，必须首先安排人员进行验电；验电必须使用相应电压等级的合格的验电器或绝缘棒。验电时必须戴绝缘手套并逐相进行验电；验电必须设专人监护。同杆塔架设有多层电力线路时，应先验低压、后验高压，先验下层、后验上层。

2. 停电作业接地线的挂设

挂设、拆卸工作接地线应遵守下列规定：

(1) 验明线路确无电压后，工作班人员必须立即在作业范围的两端挂工作接地线，同时将三相短路；凡有可能送电到停电线路的分支线也必须挂工作接地线。

(2) 同杆塔架设有多层电力线路时，应先挂低压、后挂高压，先挂下层、后挂上层。工作接地线挂设完后，应经工作负责人检查确认后方可开始工作。

(3) 若停电线路上有感应电压时，应在工作范围内加挂工作接地线（个人保安线）。在拆除工作接地线时，应防止感应电触电。

(4) 在绝缘架空避雷线（光缆）上工作时，也应先将该架空避雷线（光缆）接地。

(5) 挂工作接地线时，应先接接地端，后接导线、避雷线（光缆）端；接地线连接应可靠，不得缠绕。拆除时的顺序与此相反。

(6) 装、拆工作接地线时，工作人员应使用绝缘棒或绝缘绳，佩戴绝缘手套，人体不得碰触接地线。

3. 停电作业间断、结束和工作终结

(1) 工作间断或过夜时，作业段内的全部工作接地线必须保留；恢复作业前，必须检查接地是否完整、可靠。

(2) 施工结束后，现场工作负责人必须对现场进行全面检查，待全部作业人员（包括工具、材料）撤离杆塔后方可命令拆除停电线路上的工作接地线；工作接地线一经拆除，该线路即视为带电，严禁任何人再登杆塔进行任何工作。

(3) 工作终结后，工作负责人应报告工作许可人，报告的内容如下：工作负责人姓名，该线路上某处（说明起止杆塔号、分支线名称等）工作已经完工，线路改动情况，工作地点所挂的工作接地线已经全部拆除，杆塔和线路上已无遗留物，工作人员已全部撤离，可以送电。

1.3 外 伤 急 救

1.3.1 创伤急救

1. 创伤急救的基本要求

(1) 创伤急救原则是先抢救、后固定、再搬运，防止污染伤口，加重伤情。需要送医院救治的，应立即做好保护伤员措施后送医院救治。

(2) 抢救前先使伤员安静躺平，判断全身情况和受伤程度，如有无出血、骨折和休克等。

(3) 外部出血立即采取止血措施，防止失血过多而休克。外观无伤，但呈休克状态，神志不清或昏迷者，要考虑胸腹部内脏或脑部受伤的可能性。

(4) 为防止伤口感染，应用清洁布片覆盖。救护人员不得用手直接接触伤口，更不得在伤口内填塞任何东西或盲目用药。

(5) 搬运时应使伤员平躺在担架上，腰部束在担架上，防止跌下。平地搬运时伤员头部在后，上楼、下楼、下坡时头部在上，搬运中应严密观察伤员，防止伤情突变。

2. 止血

(1) 伤口渗血。用比伤口稍大的消毒纱布数层覆盖伤口，然后进行包扎。若包扎后仍有较多渗血，可再加绷带适当加压止血。

(2) 伤口出血呈喷射状或鲜红血液涌出时，立即用清洁手指压迫出血点上方（近心端），使血流中断，并将出血肢体抬高或举高，以减少出血量。

(3) 用止血带或弹性较好的布带等止血时（见图1-1），应先用柔软布片或伤员的衣袖等数层垫在止血带下面，再扎紧止血带，以刚使肢端动脉搏动消失为度。上肢每60min，下肢每80min放松一次，每次放松1～2min。开始扎紧与每次放松的时间均应书面标明在止血带旁。扎紧时间不宜超过4h。不要在上臂中三分之一处和腋窝下使用止血带，以免损伤神经。若放松时观察已无大出血可暂停使用。严禁用电线、铁丝、细绳等作止血带使用。

(4) 高处坠落、撞击、挤压可能有胸腹内脏破裂出血。受伤者外观无出血但常表现面色苍白、脉搏细弱、气促、冷汗淋漓、四肢厥冷、烦躁不安、甚至神志不清等休克状态，应迅速躺平，抬高下肢（见图1-2），保持温暖，速送医院救治。若送医院途中时间较长，可给伤员饮用少量糖盐水。

图1-1　止血带

图1-2　抬高下肢

1.3.2 骨折急救

1. 骨折固定方法

肢体骨折可用夹板或木棍、竹竿等将断骨上、下方两个关节固定（见图1-3），也可利用伤员身体进行固定，避免骨折部位移动，以减少疼痛，防止伤势恶化。

开放性骨折，伴有大出血者，先止血，再固定，并用干净布片覆盖伤口，然后速送医院救治。切勿

(a)

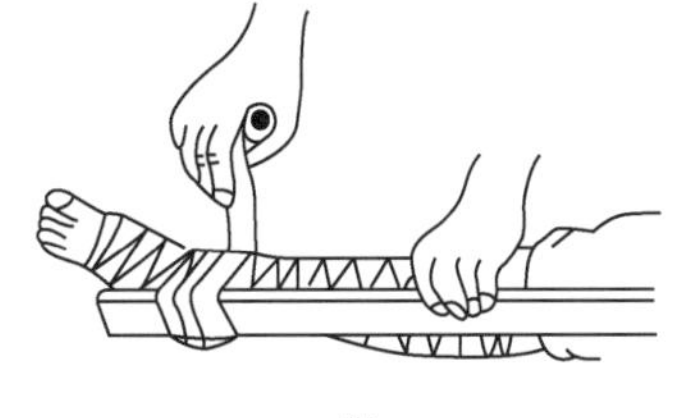

(b)

图1-3　骨折固定方法

(a) 手骨折；(b) 腿骨折

将外露的断骨推回伤口内。

2. 颈椎受伤的处理

若有颈椎损伤，在使伤员平卧后，用沙土袋（或其他代替物）放置头部两侧（见图1-4），使颈部固定不动。必须进行口对口呼吸时，只能采用抬颏使气道通畅，不能再将头部后仰移动或转动头部，以免引起截瘫或死亡。

3. 腰椎骨折的处理

腰椎骨折应将伤员平卧在平硬木板上，并将腰椎躯干及双下肢一同固定，预防瘫痪，如图1-5所示。搬动时应数人合作，保持平稳，不能扭曲。

图1-4 颈椎骨折固定

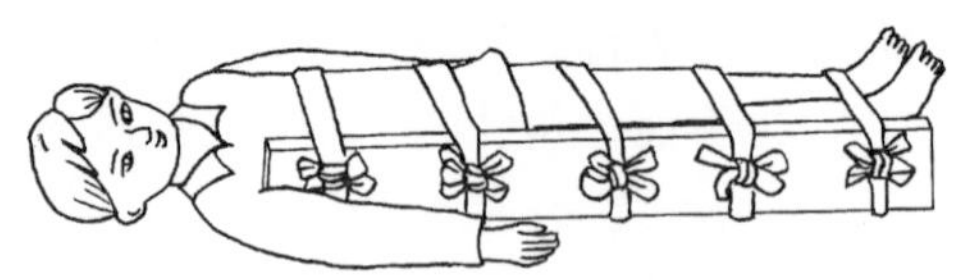

图1-5 腰椎骨折固定

1.3.3 烧伤急救

1. 电灼伤、火焰烧伤或高温气、水烫伤均应保持伤口清洁

伤员的衣服鞋袜用剪刀剪开后除去。伤口全部用清洁布片覆盖，防止污染。四肢烧伤时，先用清洁冷水冲洗，然后用清洁布片或消毒纱布覆盖送医院。

2. 伤口的处理

（1）强酸或碱灼伤应立即用大量清水彻底冲洗，迅速将被侵蚀的衣物剪去。为防止酸、碱残留在伤口内，冲洗时间一般不少于10min。

（2）未经医务人员同意，灼伤部位不宜敷搽任何东西和药物。

（3）送医院途中，可给伤员多次少量口服糖盐水。

1.3.4 冻伤与动物咬伤急救

1. 冻伤处理方法

（1）冻伤使肌肉僵直，严重者深及骨骼，在救护搬运过程中动作要轻柔，不要强使其肢体弯曲活动，以免加重损伤，应使用担架，将伤员平卧并抬至温暖室内救治。

（2）将伤员身上潮湿的衣服剪去后用干燥、柔软的衣服覆盖，不得烤火或搓雪。

（3）全身冻伤者呼吸和心跳有时非常微弱，不应误认为死亡，应努力抢救。

2. 动物咬伤急救

（1）毒蛇咬伤后，不要惊慌、奔跑、饮酒，以免加速蛇毒在人体内扩散。急救措施如下：

1）咬伤大多在四肢，应迅速从伤口上方向下方反复挤出毒液，然后在伤口上方（近心端）用布带扎紧，将伤肢固定，避免活动，以减少毒液的吸收。

2）有蛇药时可先服用，再送往医院救治。

（2）犬咬伤：

1）犬咬伤后应立即用浓肥皂水冲洗伤口，同时用挤压法自上而下将残留伤口内唾液挤出，然后再用碘酒涂搽伤口。

2）少量出血时，不要急于止血，也不要包扎或缝合伤口。

3）尽量设法查明该犬是否为“疯狗”，对医院制订治疗计划有较大帮助。

思　考　题　一

1. 什么叫高处作业？
2. 高处作业分为哪几级？不同等级的高处作业，其可能坠落范围半径分别是多少？
3. 高处作业人员必须具备哪些基本条件？
4. 高处作业的危险点及预控措施有哪些？
5. 雨、雾天高处作业的危险因素有哪些？
6. 冰雪天高处作业预控措施有哪些？
7. 张力放线的危险点有哪些？预控措施有哪些？
8. 停电作业的安全措施和技术措施有哪些？
9. 骨折急救的处理方法是什么？

第 2 章

常用工器具及其使用

2.1 手 动 工 具

2.1.1 钢丝钳

1. 基本结构

钢丝钳，俗称卡钳、手钳，是输配电线路作业人员使用的基本工具之一。它是钳夹和剪切的工具，其结构如图 2 - 1（a）所示，由钳头和钳柄组成。钳头有钳口、齿口、刀口和铡口四口；钳头不可作为敲打工具使用，平时应防锈，钳头的轴销上应经常加油润滑，使钢丝钳操作灵活、省力。钳柄套的绝缘套管必须是完好的、交流耐压不低于 500V，不得在超过耐压的环境中使用，以防在工作中使钳头触碰到带电部位，致使钳柄带电而造成意外事故。为防止钳柄绝缘套管磨损、碰裂，可以加套适当的电缆护套胶管，加强其绝缘强度。

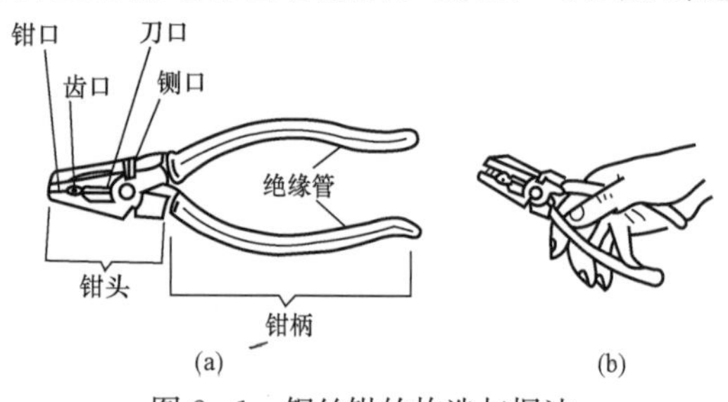

图 2 - 1　钢丝钳的构造与握法

（a）钢丝钳的构造；（b）钢丝钳的握法

2. 主要规格

钢丝钳的握法，如图 2 - 1（b）所示。使用钢丝钳，要使钳头的刀口朝内侧，即朝向自己，便于控制钳口部位；用小指伸在两钳柄中间，用以抵住钳柄，张开钳头。另外，在使用中还需注意，切勿用刀口去钳断钢丝，以免刀口损伤。常用的钢丝钳规格有 150、175、200mm（钳柄长度）三种。

3. 使用方法

钢丝钳的功能很多，可用钳口或齿口弯铰电线，如图 2 - 2（a）所示；用刀口切断电线，如图 2 - 2（b）所示；用铡口来铡切钢丝或铅线（铁线），如图 2 - 2（c）所示；以及在扳手施展不开的场合用钳口或齿口来扳旋小螺母，如图 2 - 2（d）所示；铜、铝芯多股电线与设备的针孔式接线桩头连接时，用钢丝钳钳口或齿口把削去绝缘层的线头绞紧，如图 2 - 2（e）所示；钢丝钳还可用来代替剥线钳剥去塑料线的绝缘层，具体操作方法如图 2 - 2（f）所示。根据线头所需长度，用钳头刀口轻切塑料层，但刀口不能钳到芯线，否则损伤芯线；然后右手握住钳头用力勒去塑料层；与此同时，左手捏紧电线反向用力配合动作。遇到导线截面较大、双手的力量不足时，可借助脚的力量，操作手法近似图 2 - 2（b）刀口切割电线，但刀口不能钳到芯线。即左脚略抬起内侧，脚底压住钳头齿口部，握电线的左手用力拉拽，以完成导线头的剥制。钢丝钳的刀口也可以用于拔起铁钉，钳头用来削平配线钢管管口的毛刺等。

2.1.2 活络扳手

1. 基本结构

活络扳手，又叫活动扳头、活扳手。活络扳手是一种旋紧或松脱有角螺丝或螺母的工具。它的结构如图 2 - 3（a）所示，主要由呆扳唇、活络扳唇、蜗轮、轴销、手柄等构成。转动活络扳手的蜗轮，就可以调节扳口的大小。

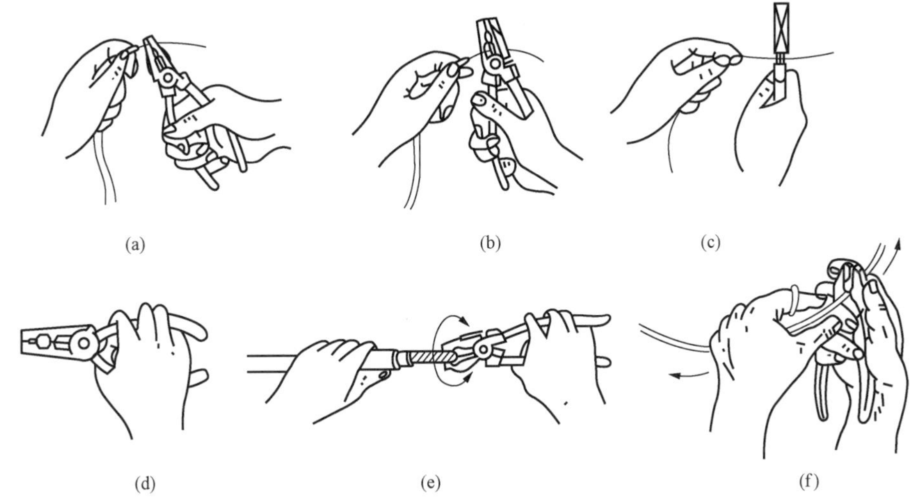

图 2-2　钢丝钳各种功能示意图

(a) 钳口弯绞电线；(b) 刀口切断电线；(c) 铡口切钢丝或钳丝；(d) 齿口扳旋螺母；
(e) 钳、齿口绞紧多股线；(f) 钳口剥塑料线

2. 主要规格

常用的活络扳手有长 200、250、300mm（英制 8、10、12in）的三种。使用时要根据螺母的大小，选用适当规格的活络扳手，以免扳手过大，损伤螺母；或螺母过大，损伤扳手。

3. 使用方法

活络扳手一般有两种握法：①扳动大螺母时，手应该握在柄上，手的位置越后，扳动起来就越省力；②扳动小螺母时，由于所需用的力小，并要不断地调节扳口的大小，手应握在近头部的地方，并用大拇指控制好蜗轮，以便随时调节扳口，如图 2-3（b）所示。在使用活络扳手时，扳口的调节应该适当，务必使扳唇正好夹住螺母，否则扳动时扳口会打滑，如图 2-3（c）所示。若活络扳手扳口打滑，既损伤螺母，又可能碰伤手指；高处作业时，还可能会导致身体剧烈晃动而坠落伤人。

另外，在需要用较大力量的场合，活络扳手的活络扳唇部分应位于靠近身体的一侧（朝向扳手旋动方向），这样有利于保护蜗轮和轴销不受损伤，防止损坏活络扳唇部分，如图 2-4 所示。

扳动有角螺丝或螺母，除可用活络扳手外，尚可用成套的呆扳手（固定扳手）或套筒扳手。如图 2-5 所示，套筒扳手可用来拧紧或拧松有

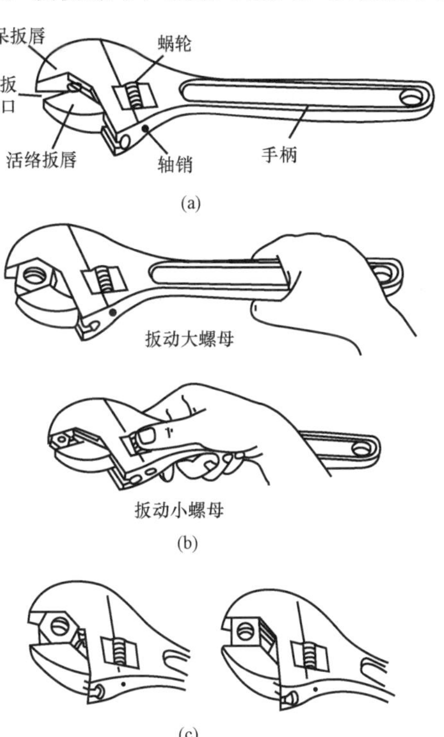

图 2-3　活络扳手结构、握法示意图

(a) 活络扳手的结构；(b) 活络扳手的握法；
(c) 活络扳手的扳口调节

沉孔的有角螺丝或螺母，或在无法使用活络扳手的地方使用。它由套筒和扳手手柄两部分组成，套筒应配合螺母规格选用。

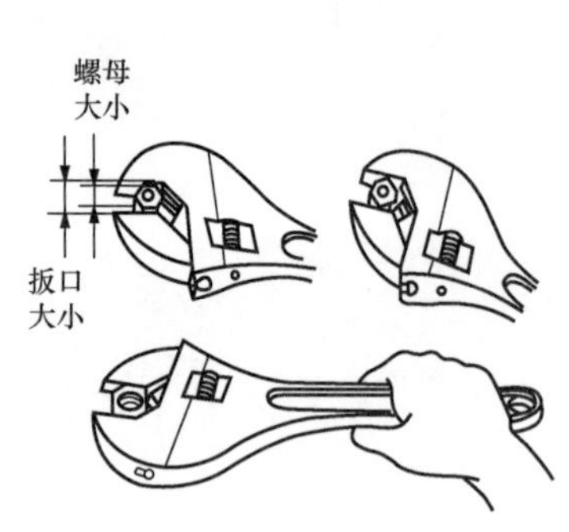

图 2-4 活动扳手错误用法示意图

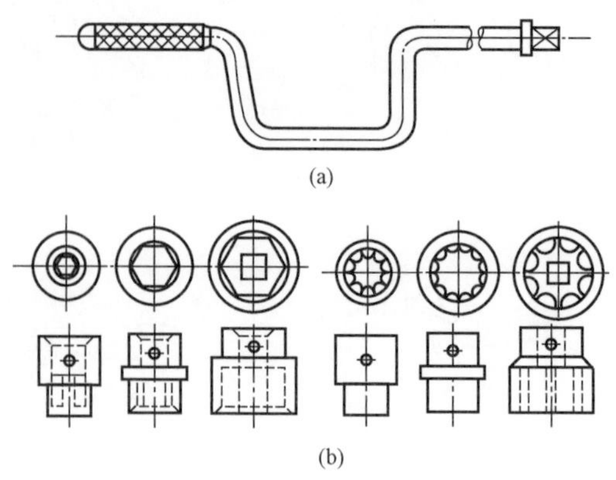

图 2-5 套筒扳手示意图

(a) 扳手手柄；(b) 套筒

2.1.3 电工刀

1. 基本结构

电工刀是在低压配电线路作业中用来剖削和切割的常用工具，结构如图 2-6 所示。电工刀常用来剖削电线线头，切割木台缺口，削制木榫等。使用时，刀口应朝外进行操作；使用完毕，应随即把刀身插入刀柄内。电工刀的刀柄结构是没有绝缘的，不能在带电体上使用电工刀进行操作，以免触电。

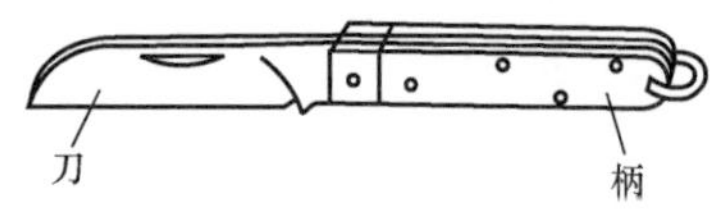

图 2-6 电工刀结构示意图

2. 使用方法

电工刀的刀口要求在单面上磨出呈圆弧状的刃口。电工刀的刀口磨制很有讲究。刀刃部分要磨得锋利一些，但不能太尖，太尖容易削伤线芯；磨得太钝，无法剖削。磨制刀刃时底部平磨，而面部要把刀背抬高 5～7mm，使刀倾斜 45°左右；磨好后再把底部磨点倒角。在剖削绝缘导线的绝缘层时，可把刀略微翘起一些，用刀刃的圆角抵住线芯，这样不易损伤线芯。切忌把刀刃垂直对着导线切割绝缘，这样容易割伤芯线。若所需剖去的绝缘较短，可放在手上剖削；如果所需剖去的绝缘较长，可以放在大腿上剖削。

剖削线头，是为了在做接头前把导线上绝缘层削去。线头剖削的长度，应根据连接时的需要而定，太长则浪费电线，太短则影响连接质量。用钢丝钳剥离绝缘层的方法，适用于线芯截面积为 2.5mm^2 及以下的塑料线。对于截面积规格较大的塑料线，可用电工刀来剖削绝缘层，一般采用斜削法，如图 2-7 所示。剖削时，应使电工刀刀口向外，以 45°角倾斜切入塑料层，不可切着线芯，更不可垂直切入，以免损伤芯线。线头剖削的步骤和方法，如图 2-8 所示。

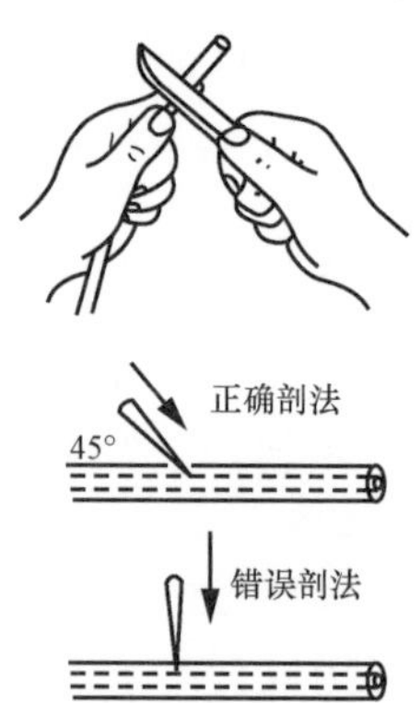

图 2-7 斜削法示意图

2.1.4 锄头

1. 基本结构

锄头，又叫手锤或锤子，如图 2-9 所示。锄头是一种敲打工具，

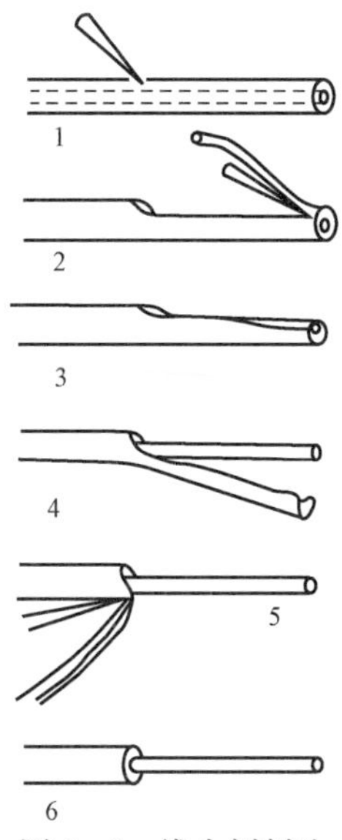

图 2-8　线头剖削法

1—电工刀以 45°角倾斜切入塑料层；2—刀面与线芯保持 15°左右的角度，像削铅笔似的向线端推削；3—用力向外削出一条缺口；4—把另一部分塑料层剥离线芯，随方向扳转翻下；5—用电工刀切去这部分塑料层；6—线头的塑料层全部削去，露出芯线

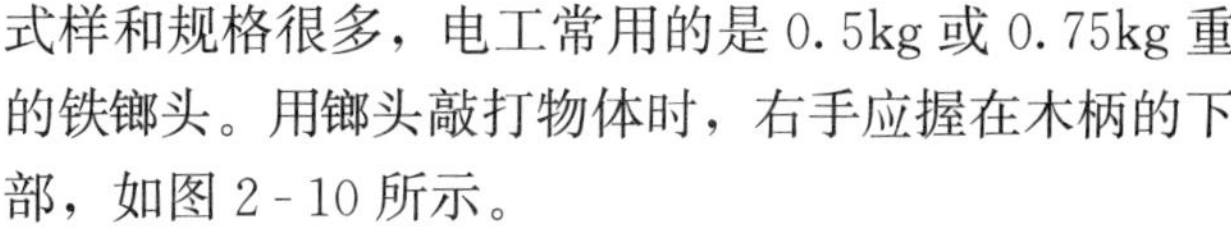

式样和规格很多，电工常用的是 0.5kg 或 0.75kg 重的铁榔头。用榔头敲打物体时，右手应握在木柄的下部，如图 2-10 所示。

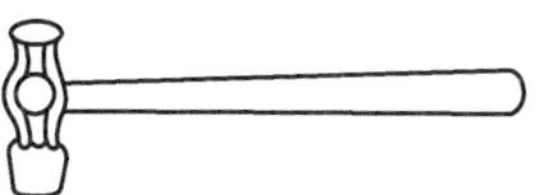

图 2-9　榔头示意图

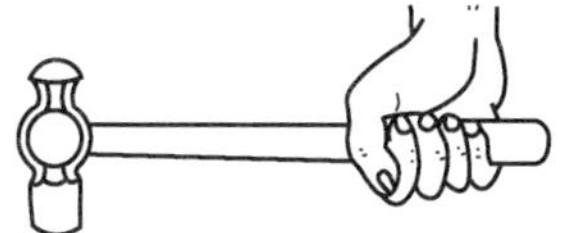

图 2-10　榔头握法示意图

2. 使用方法

榔头的握法：用大拇指和食指围握住榔头的木柄；击锤时（榔头冲向錾子等物体），中指、无人指、小指依序握紧榔头的木柄，挥动榔头时以相反的次序放松。具体使用方法，参见图 2-11 所示挥锤凿打砖墙上木枕孔和图 2-12 所示挥锤凿打水泥墙上木枕孔。

挥锤共有以下三种方法：

（1）手挥：只有手的运动，锤击力最小，此法多用于凿打水泥墙上木枕孔、錾削铁件开始与结尾以及錾油槽等场合。

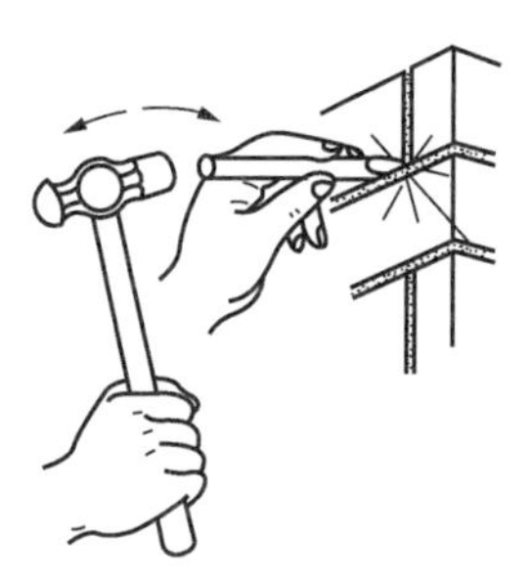

图 2-11　挥锤凿打砖墙上木枕孔

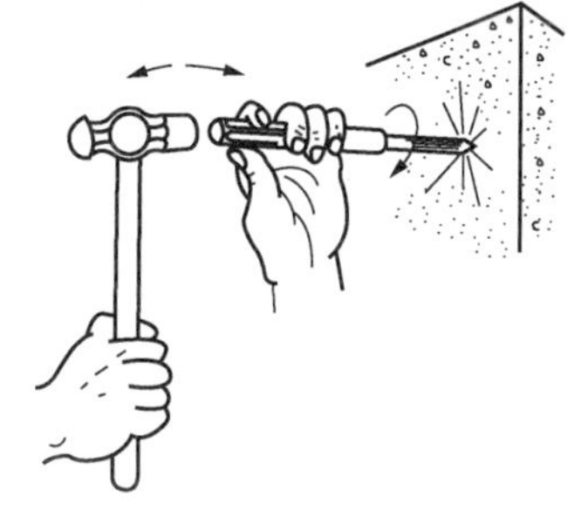

图 2-12　挥锤凿打水泥墙上木枕孔

（2）肘挥：手与肘部一起动作，锤击力大，此法应用最广。

（3）臂挥：手及主臂都一起运动，锤击力最大，此法应用比较少。挥锤速度一般为40～50 次/min 左右，榔头冲击时速度应快，以便获得较大的锤击力；榔头离开錾子的速度应较慢。两足站立，全身自然，便于用力。

2.1.5　钢锯

1. 钢锯的结构

钢锯，又叫手锯。钢锯是一种锯割（用锯条把工件割断叫锯割）工具，主要由锯架（或锯弓）和锯条组成。锯架有固定的和活络的两种，常见的是活络的，可以配用 300mm 或 350mm 长的锯条，如图 2-13 所示。当锯割的工件厚度与硬度不同时，应选用不同齿数（单位长度齿数）的锯条，否则锯条会很快地磨损。工件愈薄，锯齿应该愈小，应保证有三个齿以上能同时锯割即可，否则，锯齿较易磨损甚至脱落。另外，工件材料愈硬，锯齿也应该愈小。

2. 使用方法

(1) 准备工作。如图 2-14 所示，安装锯条的时候，应该注意：

1) 锯齿尖端须要朝前方，否则锯割操作困难。

2) 锯条松紧度要合适，一般用两个手指拧紧蝶形螺母为好，若松了操作时容易折断。

(2) 使用方法：

1) 锯割木槽板、木枕等小型木材时，只要用左手拿住木材，右手握住锯架手柄，来回推拉钢锯即可，如图 2-15 (a) 所示。

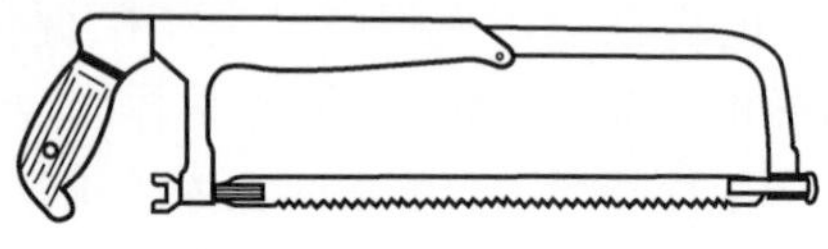

图 2-13 钢锯示意图

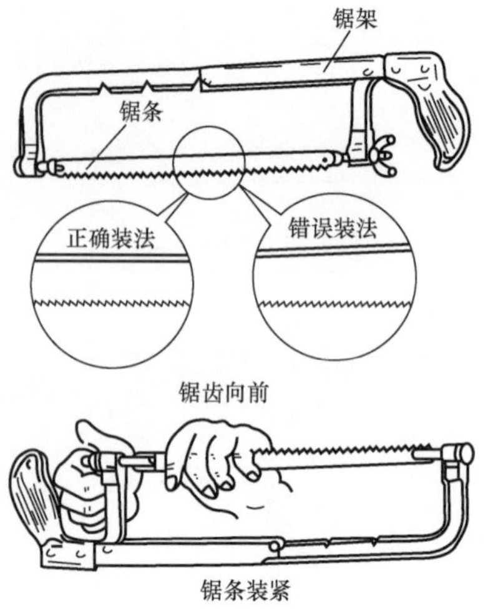

图 2-14 安装锯条示意图

2) 锯割钢管等金属材料时，要先把金属材料夹在台虎钳上。锯割时，左手把稳锯架头部，右手握住锯柄，使钢锯保持水平，来回推拉钢锯，如图 2-15 (b) 所示。应当注意：钢锯往前推时要用力，因推锯前进时会发生锯割作用；锯条拉回时，不发生锯割作用，所以锯条往后拉时不加压力，且稍抬起，乘势收回。锯割时不要过大用力，否则锯条易折断。

3) 钢锯锯割时，要使锯条长度的 2/3 以上参与锯割，而不是仅用锯条的中间部分。

4) 锯割硬性金属时，速度较慢、压力较大；锯割软性金属时，速度较快、压力较小。当锯割快结束时，应轻缓用锯，并用手扶着被锯断的一段，以免突然断落时伤及锯条、击伤操作者的脚。

5) 在锯割的时候，有时锯条会跑边，不按预定锯缝锯割。这时应将工件反过来锯割，如在原锯缝继续纠正斜切，多会导致锯条的折断。锯条“跑边”的原因是锯条安装得过松或钢锯使用不熟练所致。

6) 当进行锯割锯缝很深的工作时，可将锯条横装，锯齿方向依然与锯条前进方向相同。

7) 在锯割窄工件的时候，以及当工件内夹杂有其他硬杂质时，锯齿就容易折断，当锯齿即使只折断一个齿时，也不能用来继续锯割工作，因为相邻近的锯齿会继续折断，而且其他锯齿也会迅速地磨钝。这时可将该锯条在磨石上或砂轮上磨掉和它相近的两三个锯齿，再把锯缝内的断齿去掉后再使用。

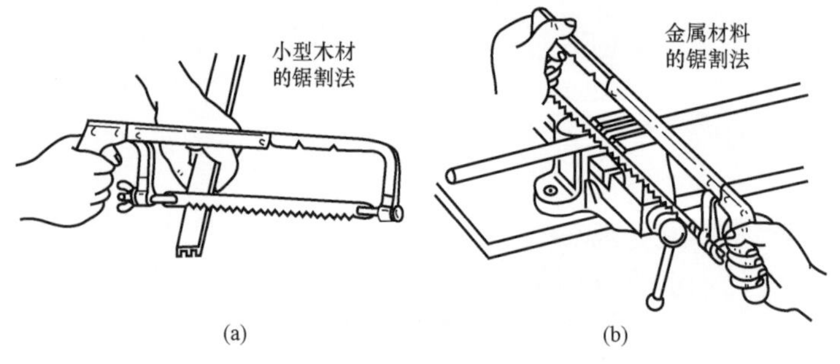

图 2-15 钢锯锯割示意图

(a) 锯割木槽板；(b) 锯割钢管

8) 在锯割管子或棒料的时候，应先用三角锉或锯条在确定的锯断点处锉出浅的锯槽，以免锯割时锯条在工作表面打滑。同时在锯割钢管时，应绕钢管锯断点的圆周从几个方向来锯割。而在钢管配线施工时，用钢锯切断电线管，最好选用细齿锯条，锯条锯齿宜反装，锯割时要加油。

9）无论锯割任何工件，当旧的锯条折断换用新锯条时，必须翻转工件，从反方向锯割。因为旧锯条锯缝比新锯条窄，如果仍旧从原缝锯入，就会因摩擦阻力大而折断。如果被锯割工件不可翻转时，就必须用新锯条缓缓锯宽原先的锯槽。锯割时，为减少锯条与锯缝的摩擦，可涂油脂来润滑。

（3）钢锯锯条折断的原因：

1）锯条安装得松动。

2）被锯工件抖动。

3）锯割时压力太大。

4）锯割时锯条不成直线运动。

5）锯条咬住。

6）锯条折断后，新锯条从原缝锯入。

7）锯条“跑边”仍继续锯割。

8）起锯方向不对，例如从棱角上起锯等。

（4）注意事项：

1）锯条安装的松紧度要适宜。安装太松的锯条，锯割时会崩出锯条，会危及操作者。

2）切不可使用没有手柄的锯架工作，因为锯架尾的尖端容易戳伤操作者的手心。

3）锯割沉重的工件时，快断时必须用手扶着被锯割断的部分，或用支架支稳，否则切割下的部分会落下击伤操作者的腿或脚。

2.1.6　尖嘴钳

1. 基本结构

尖嘴钳（见图 2-16）和钢丝钳相似，由钳头和绝缘套管的钳柄组成。它是电工常用的钳夹和剪切工具。

2. 使用方法

它的正确握法、切割电线与钢丝钳一样。尖嘴钳一般用来夹持小螺母、小零件，在弱电元器件电路焊接的时候夹住元件引线（见图 2-17），以防烫坏元件等。尖嘴钳小，不能用很大的力气，不要钳很大的东西，以防钳嘴折断。

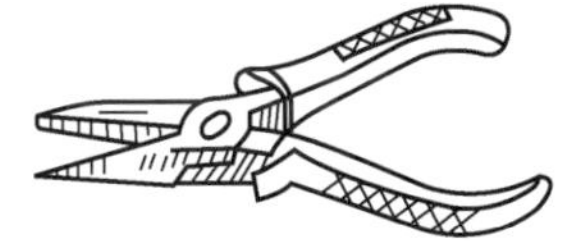

图 2-16　尖嘴钳示意图

对烧毛的电气接线螺桩用尖嘴钳套丝。在日常电气维修中，常会遇到电气接线螺桩（即接线螺钉，多数为 M12～M16）烧毛，尤其是电焊机焊接螺桩、电焊控制柜进线或出线螺桩，造成螺帽难以拧紧，导线不好紧固。这时，需要卸下接线螺桩重新套丝。具体方法是：将圆板牙从板牙绞手内取出，直接把圆板牙套在烧毛的螺钉上；将 6 寸尖嘴钳钳头钳尖套入切削孔内，如图 2-18 所示，用手旋转尖嘴钳手柄来套丝。若太紧，还可借助活络扳手卡在尖嘴钳旋转轴上扳。因螺纹烧毛是局部损坏，而且一般通过大电流的螺钉（如电焊机焊接螺桩）是铜质的，材质较软，所以用力不必太大即可完成套丝。

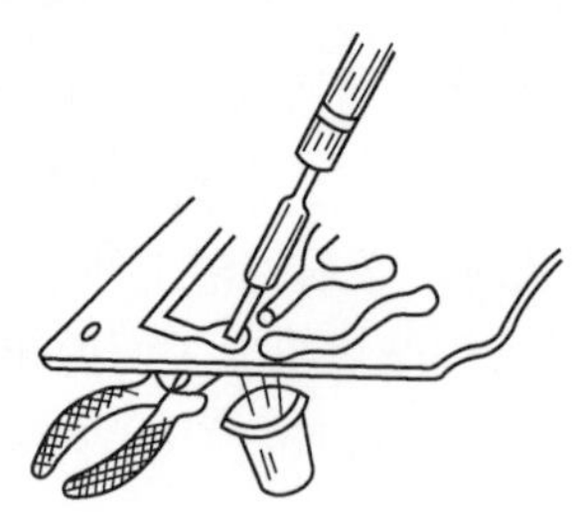

图2-17　尖嘴钳夹住元件引线示意图

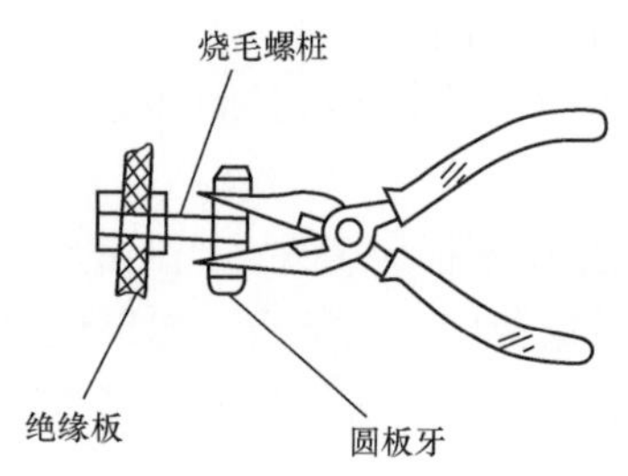

图2-18　尖嘴钳套丝示意图

2.2　常用施工工器具

2.2.1　机动绞磨

1. 种类

(1) 机动绞磨按能否自行行进分为两种：一种是台架卧式机动绞磨，需要人力或机动车搬运；另一种是拖拉机式机动绞磨，它是将绞磨装在手扶拖拉机上，可自行而无需人力搬运。

(2) 按发动机型式分为汽油机绞磨和柴油机绞磨两类。

(3) 按额定牵引力分为10、15、20、30、50kN五类。

2. 结构特征

机动绞磨是一种在无电源的情况下，适应野外施工需要的牵引或起重机械。它具有体积小，质量轻，牵引力大，操作简单等特点。它由发动机、离合器、变速箱、磨芯等部分组成，如图2-19所示。

3. 操作方法

(1) 装设钢丝绳。将搭扣螺钉松开后，打开左右半支架，面对磨芯，将钢丝绳由下向上逆时针绕进磨芯，牵引端靠近变速箱，尾绳靠近支架。钢丝绳在磨芯上的圈数视牵引负荷而定，在额定工作负荷时应保持5圈。

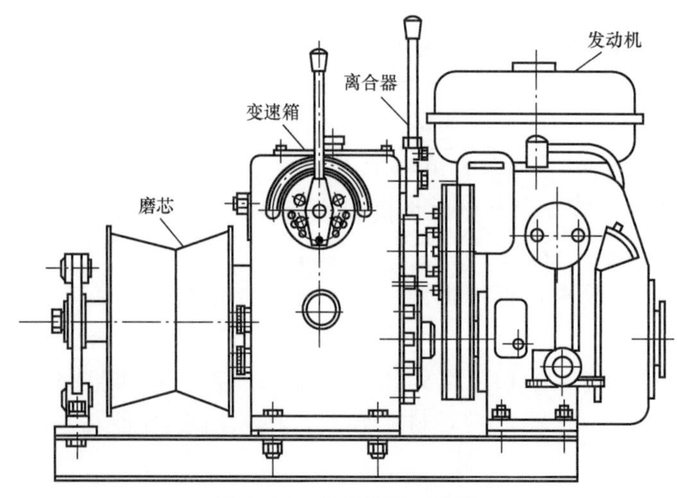

图2-19　机动绞磨示意图

(2) 发动机起动前应先脱开离合器并挂空档，参照发动机使用说明书起动发动机。

(3) 合上离合器，动作应快，否则容易磨损，脱开时不宜用力过猛。

(4) 变速箱换档前应先脱开离合器，若换档困难，可轻微合一下离合器使得输入轴转动一个角度再换档。严禁强行入档。

(5) 工作前，应进行10min空载运行，检查离合器、换档手柄是否灵活、准确、可靠，各部分是否有异常现象。

4. 使用与维护

（1）发动机的使用、维护，按使用说明书进行。绞磨应在额定负荷内工作，严禁超载运行。

（2）绞磨的锚固。选用规格合适的钢丝绳，将绞磨的固锚点与预埋好的地锚或桩锚连接牢固即可。在使用中不能在固锚点以外自行确定连接位置。

（3）使用前，应仔细检查各部件在运输中有无损坏和紧固件有无松动现象。

（4）绞磨变速箱的箱体，多采用 ZL104 铸铝合金，在检修过程中螺钉不宜过紧，并避免不必要的拆卸，更不能用锤敲击。

（5）为保证使用可靠性，新机使用半年后应由专人进行一次检查，清洗箱体，换入干净的润滑油。

（6）变速箱油面位置应在Ⅲ轴中心位置，机动绞磨的润滑维护应按说明书的要求进行。

5. 使用机动绞磨的注意事项

（1）绞磨应放置平稳，锚固可靠，受力前方一定距离内不得有人。

（2）拉磨尾绳不应少于 2 人，且应位于锚桩后面，不得站在绳圈内。

（3）绞磨受力状态下，不得采用松磨尾绳的方法卸荷，以防其突然滑跑。

（4）牵引绞磨绳应从卷筒下方引出，缠绕不得少于 5 圈，且应排列整齐，严禁相互叠压。

（5）拖拉机绞磨两轮胎应在同一水平面上，前后支架均应受力。

（6）绞磨卷筒应与绞磨绳垂直。导向滑车应对正卷筒中心。

2.2.2　抱杆

1. 抱杆的种类

（1）按材料分为木抱杆、钢抱杆、铝合金抱杆等。

（2）按断面形状分为圆环形、四方形及三角形三种。每种断面的抱杆又分为变截面和等截面两种，如图 2-20 所示。

（3）按组合形式分为单抱杆、人字抱杆、带摇臂的独抱杆及其他形式。

2. 使用抱杆的注意事项

（1）抱杆使用前应进行外观检查，凡是缺少部件（含铆钉等）及主、斜材严重锈蚀的严禁使用。

（2）抱杆的吊绳使用前必须检查其外观是否完好，使用时应控制在施工工艺设计的容许荷载以内。抱杆的容许轴向压力与抱杆的吊重是不一样的，使用时务必分清。

（3）抱杆的接头螺栓必须按规定安装齐全、拧紧，组装后的整体弯曲度不应超过 1‰，在最大起吊荷载时不应超过 2‰。

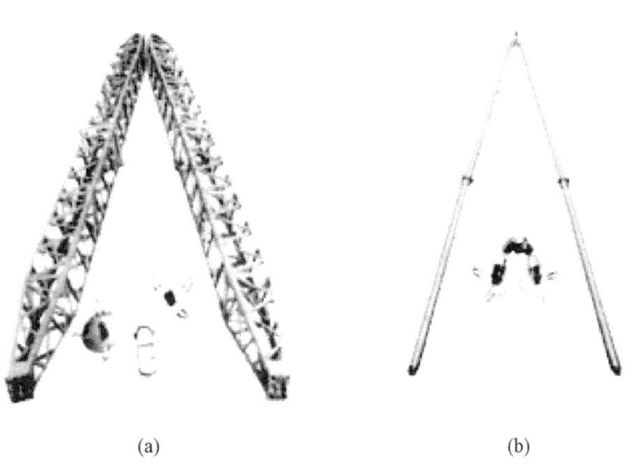

(a)　(b)

图 2-20　抱杆示意图

（a）变截面；（b）等截面

（4）抱杆的受力状态以轴向中心受压最佳，偏心受压会使抱杆容许承压力降低。严重偏心受压时应验算抱杆的承压力。

（5）铝合金抱杆应特别注意保护，使用中避免钢丝绳摩擦。严禁用铝抱杆代替基础混凝土浇制的抬架。

2.2.3 地锚和桩锚

1. 地锚和桩锚的分类

在输配电线路施工中，为了固定绞磨、牵张机械、起重滑车组、转向滑车及各种临时拉线等，都需要使用临时地锚或桩锚。地锚，是指将锚体埋入地面以下一定深度的土层中，以此承受上拔荷载；桩锚，是指用锤击或其他施力方法使木桩、铁棒桩、钢管桩或其他型式锚桩部分深入土层、部分外露，以此承受上拔荷载。根据施工经验，当承受的拉力小于 20kN 且地表土较坚硬时，一般使用桩锚；当承受的拉力大于 20kN 且地表土较软弱时，一般使用地锚。地锚承受的拉力较大但需要挖坑，桩锚承受的拉力较小但不需要挖坑，随用随固定，拆除快捷。

（1）地锚按锚体材料及制作方式的不同分为三种：

1）圆木地锚。一般采用 ϕ180～240 直径，长度小于 2m 的圆木作为锚体。但由于圆木选材困难、易腐烂，使用越来越少。

2）钢板地锚。采用 3～5mm 的薄钢板，在中部焊筋后封闭而成锚体，如图 2-21 所示。

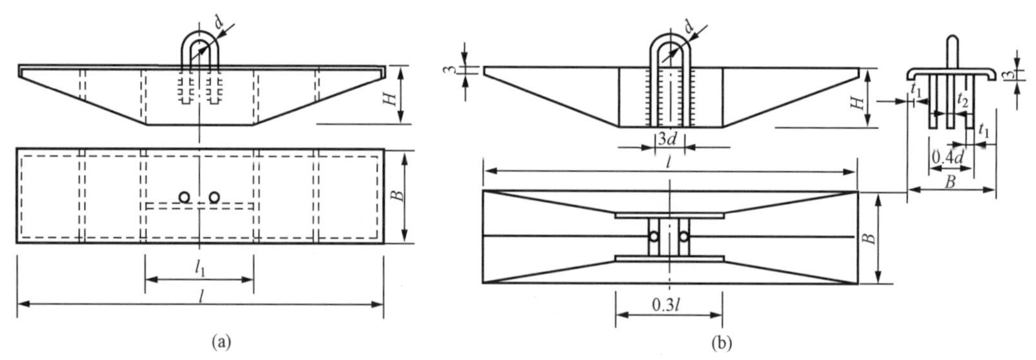

图 2-21 钢板地锚

（a）封闭式；（b）敞开式

3）钢管地锚。采用 4mm 薄钢板卷制焊接而成外径为 230mm，长度为 1600mm 的圆柱体，内壁中部用 6～8mm 钢板焊接加固，两端封口以成锚体。

（2）临时桩锚分为下列三种：

1）圆木桩锚，包括加挡板及不加挡板两种。

2）圆钢管桩锚。

3）角钢桩锚。

4）其他型式桩锚，如钻地锚等。

（3）按受力性能的不同分为水平受力锚、上拔受力锚和斜向受力锚。

各种地锚和桩锚承受水平荷载最为有利，而承受上拔荷载均较小，因此使用地锚和桩锚，尽可能使其承受水平荷载。

2. 地锚和桩锚地质条件的分类及判定

地锚和桩锚都是利用土壤对桩或锚体的嵌固作用而承受荷载的，而不同种类的土壤的物理性能是不一致的。土壤的物理性能指标较多，根据输配电线路安全工作规程对土质的分类法，并参照线路设计资料确定土壤分类，见表 2-1。

表 2-1　土 壤 分 类 表

项　目	土　壤　类　别				
	特坚土	坚土	次坚土	普通土	软土
土壤名称	风化岩或碎石土	黏土、黄土粗砂土	亚黏土、亚砂土	粉土、粉砂土	淤泥、填土
土壤状态	坚硬	硬塑	硬塑	可塑	软塑
含水状态	干燥	稍湿	中湿	较湿	极湿
密实度	极密	密实	中密	稍密	微密
密度	1900	1800	1700	1600	1500
计算抗拔角	30	25	20	15	10
凝聚力		0.05	0.04	0.02	0.01
许可地耐力	0.5	0.4	0.3	0.2	0.1
开挖坡度（高：宽）	1：0	1：0.15	1：0.3	1：0.5	1：0.75
简易判别法	镐难以掘进，需要爆破	镐可以掘进，土壤成块状	镐易掘进，铲无法掘进	一般用铲，要用脚踩	用铲易掘进，无须用脚

3. 地锚的埋设要求

（1）地锚坑的位置应避开不良地理条件，如低洼易积水、受力侧前方有陡坎及新填土的地方。

（2）地锚坑应开挖马道，但马道宽度应以能旋转钢丝绳为宜，不应太宽。马道坡度应与钢丝绳受力方向一致，马道与地面的夹角不应大于 45°。

（3）地锚坑底受力侧应掏挖小槽。小槽的深度宜为：全埋土地锚不小于地锚直径的1/2，不埋土或半埋土地锚不小于地锚直径的 2/3。

（4）地锚坑内埋设锚体后，应根据土壤种类确定是否需要回填。

1）对于坚土地质允许使用不埋土地锚，但坑深应按计算值增加 0.2m。

2）对于次坚土和普通土应回填土，且应夯实。

3）对于软土及水坑，应先将水排除后再回填土夯实。

（5）当地锚受力不满足安全要求时，可以增加地锚坑的深度，或加大锚体尺寸，或在锚体受力侧增加角钢桩及挡板等，对地锚实施加固。

（6）如遇岩石地质需要设置地锚时，可采用岩石临锚基础，锚筋的规格视受力大小选择。

（7）地锚的钢丝绳套应安置在锚体的中间位置，如果偏心会降低地锚的抗拔力。

4. 角钢桩设置的要求

（1）角钢桩的规格不宜小于∠75×8，长度不得小于 1.5m，严重弯曲者不得使用。

（2）角钢桩的轴线与地面的夹角（后侧）以 60°～70°为宜，不应垂直地面，打入深度不应小于 1.0m。

（3）角钢桩位置应避开积水地带及其他不良地质条件。

（4）角钢桩的凹口应朝受力侧，钢丝绳在桩上的着力点应紧贴地面。

(5) 当受用双桩或三联桩时，前后相邻的两桩间应用8号铁线（3～4圈）并通过花篮螺丝连接。使用前，花篮螺丝应收紧，以保持双桩或三桩同时受力。也可用规格合适的白棕绳缠绕收紧。

(6) 角钢桩应当天打入地下，当天使用。隔夜使用时，使用前应检查有无雨水浸入，必要时应拔出重打。

2.2.4 钢丝绳

1. 旧钢丝绳的使用标准

(1) 钢丝绳合用程度的判断见表2-2。

表2-2 钢丝绳合用程度判断表

类别	钢丝绳的表面现象	合用程度	允许使用场所
1	钢丝绳摩擦轻微，无绳股凸起现象	100%	重要场所
2	(1) 各钢丝已有变位、压扁及凸出现象，但未露绳芯 (2) 钢丝绳个别部分有轻微锈蚀 (3) 钢丝绳表面上的个别钢丝有尖刺现象，每米长度内的尖刺数目不多于钢丝总数的3%	75%	重要场所
3	(1) 绳股尖凸不太危险，绳芯未露出 (2) 个别部分有显著锈迹 (3) 钢丝绳表面上的个别钢丝有尖刺现象，每米长度内的尖刺数目不多于钢丝总数的10%	50%	次要场所
4	(1) 绳股有显著扭曲，钢丝及绳股有部分变位，有显著尖刺现象 (2) 钢丝绳全部有锈，将锈层去后钢丝上留下凹痕 (3) 钢丝绳表面上的个别钢丝有尖刺现象，每米长度内的尖刺数目不多于钢丝总数的25%	40%	不重要场所或辅助场所

(2) 当钢丝绳断丝超过表2-3规定时应报废处理。

表2-3 钢丝绳的报废标准

安全系数	钢丝绳结构					
	6×19		6×37		6×61	
	在一个节距中拉断钢丝根数					
	交互捻	同向捻	交互捻	同向捻	交互捻	同向捻
6以下	12	6	32	11	36	18
6～7	14	7	36	13	38	19
7以上	16	8	40	15	40	20

(3) 当钢丝绳表面磨损或锈蚀时，允许使用的拉力应乘以修正系数，见表2-4。

表2-4 钢丝绳表面有磨损时的修正系数

磨损量按钢丝直径计（%）	10	15	20	25	30	30以上
修正系数	0.8	0.7	0.65	0.55	0.50	0

2. 钢丝绳的维护及使用注意事项

（1）使用钢丝绳时，不能使钢丝绳发生锐角曲折、散股或由于被夹、被砸而成扁平状。

（2）为防止钢丝绳生锈，应经常保持清洁，并定期涂抹钢丝绳脂或特制无水分的防锈油，其成分的质量比为：煤焦油 68%、三号沥青 10%、松香 10%、工业凡士林 7%、石墨 3%、石蜡 2%。也可以使用其他的浓矿物油（如汽缸油等）。钢丝绳在使用时，应间隔一定时间涂一次油，在保存时最少每六个月涂一次。

（3）穿钢丝绳的滑轮边缘不许有破裂现象，以避免损坏钢丝绳。

（4）钢丝绳与设备构件及建筑物的尖角如直接接触，应垫木块或麻带。

（5）在起重作业中，应防止钢丝绳与电焊线或其他电线接触，以免触电及电弧损坏钢丝绳，有感应电的应加装接地线。

（6）钢丝绳应成卷平放在干燥库房内的木板上，存放前要涂满防锈油。

（7）当钢丝绳有腐蚀、断股、乱股以及严重扭结时，应停止使用。

（8）钢丝绳直径磨损不超过 30%，允许降低拉力继续使用；若超过 30%，按报废处理。

（9）钢丝绳经长期使用后，自然磨损和化学腐蚀是不可避免的。当整根钢丝绳外表面受腐蚀凭肉眼观察显而易见时，停止使用。

（10）当整根钢丝绳纤维芯被挤出，各种超重机械的钢丝绳断丝后的报废标准参见表 2-3。

（11）超载使用过的钢丝绳不得再用。如需使用，通过破断拉力试验鉴定后可降级使用。若未知是否超载，一般可通过外观有无严重变形、结构破坏、纤维芯挤出和有明显的卷缩、聚堆等现象来判断。

2.2.5　麻绳

1. 麻绳的品种

麻绳分手工制造和机器制造两种，前者一般就地取材加工，规格不严，搓拧较松，不宜在起重作业中使用。机制麻绳质量较好，按使用的原材料不同，分为印尼棕绳、白棕绳、混合棕绳和线麻绳四种。

（1）印尼棕绳。它以印度尼西亚生产的西纱尔麻（白棕）为原料。这种纤维的特点是：拉力和扭力强，滤水快，抗海水浸蚀性能强，耐摩擦且富有弹性，受突然增加的拉力时不易折断。其适用于水中起重，船用锚缆、拖缆和陆地起重。

（2）白棕绳。以龙舌兰麻为原材料，具有西沙尔麻的特点，因系野生，质量略次，用途同印尼棕绳。

（3）混合棕绳。是用龙兰麻和苎麻各半，再掺入 10%大麻混合捻成。由于生苎麻拉力强，但韧性差，有胶质，遇水易腐，所以混合绳的拉力大于白棕绳，但耐腐蚀性低，特别在水中使用时，遇天热水暖更为显著，使用时应加注意。

（4）线麻绳。用大麻纤维为原料，其特点为柔韧、弹性大、拉力强。用途与混合棕绳基本相同。

2. 使用麻绳的注意事项

（1）麻绳在使用前的检查和处理方法。麻绳若保管不善或使用不当，容易造成局部损伤、机械磨损、受潮及化学介质的浸蚀。为了消除隐患，保证起重作业的安全可靠性，必须在每次使用前进行检查，对存在的问题予以妥善处理。当麻绳表面均匀磨损不超过直径的 30%，局部损伤不超过同截面直径的 10%时，可按直径折减降低级别使用。断股的麻绳禁止作用。

(2) 麻绳应用特制的油涂抹保护，油的成分及质量比如下：工业凡士林83%、松香10%、石蜡4%、石墨3%。

(3) 绕麻绳的卷筒、滑轮的直径应大于麻绳直径的7倍。由于麻绳易于磨损和破断，最好选用木制滑轮。

(4) 作业中的麻绳，应注意避免受潮、淋雨、纤维中夹杂泥沙和受油污等化学介质浸蚀。麻绳用完后，应立即收回晾干，清除表面泥污，卷成圆盘，平放在干燥的库房内。

(5) 麻绳打结后强度降低50%以上，使用应尽量避免打结。

2.2.6 滑轮与滑轮组

1. 滑轮的分组

滑轮（也称滑车）按制作的材质分类，有木滑轮、钢滑轮、铝滑轮及尼龙滑轮四种；按使用的方法分为定滑轮、动滑轮和定、动滑轮合成的滑轮组；按滑轮数的多少可分为单轮、双轮及多轮等；按其不同作用可分为导向滑轮、平衡滑轮等。

动滑轮能省力，不能改变力的方向；定滑轮能改变力的方向，但不能省力；滑轮组则既能省力，又能改变力的方向。

2. 滑轮尺寸

滑轮尺寸的表示方法主要是以绳槽尺寸和滑轮直径大小来表示，其中绳槽尺寸见表2-5。

表2-5 滑轮的绳槽尺寸

图例	钢丝绳的直径（mm）	a	b	c	d	e
	7.7～9.0	25	17	11	5	8
	11.0～14.0	40	28	25	8	10
	15.0～18.0	50	35	32.5	10	12
	18.5～23.5	65	45	40	13	16
	25.0～28.5	80	55	50	16	18
	31.0～34.5	95	65	60	19	20
	36.5～39.5	110	78	70	22	22
	43.0～47.5	130	95	85	26	24

表2-5所列滑轮绳槽尺寸配合相应的钢丝绳直径，可以保证钢丝绳顺利滑过，并能使其接触面积为最大。

钢丝绳绕过滑轮时要产生变形，故滑轮绳槽底部的圆半径应稍大于钢丝绳的半径，一般取 $R \approx (0.53 \sim 0.6)d$。绳槽两侧面夹角 $2\beta = 35° \sim 45°$。

滑轮的直径（指槽底的直径）$D > ed$，e 值取16～20，一般的安装工地 e 值取16，平衡滑轮 $D_p \approx 0.6D$。

3. HQ系列滑轮

(1) HQ系列滑轮（ZBJ 80008—87）是通用的起重滑轮，适用于工矿企业的基本建设施工、设备安装等部门。HQ系列滑轮由18个拉力等级、14种直径、17种结构型式的滑轮所组成，共计48个规格。

(2) HQ系列滑轮以“HQ”字母作为代号，表示起重滑轮，放在滑轮型号的首位，后面是拉力等级、轮数、结构型式代号。拉力等级和轮数两个数字之间用“×”号隔开。结构型式的代号意义如下：

开口：k；

闭口：不加 k；

吊钩：G；

吊环：D；

链环：L；

吊梁：W。

（3）HQ 系列滑轮的安全系数为 2.0～3.0。

4. 使用滑车的注意事项

（1）滑轮组两滑轮轴心间的最小距离，见表 2-6。

表 2-6　滑轮组两滑轮轴心间的最小距离

起重量（kN）	10	50	100～200	250～500
滑轮轴中心的最小距离（mm）	700	900	1000	1200
拉紧状态下的最小长度（mm）	1400	1800	2000	2600

（2）滑轮应部件齐全、转动灵活。发现下列情况之一者不得使用：

1）吊钩吊环变形。

2）槽壁磨损超过其厚度的 10%。

3）槽底磨损深度大于 3mm。

4）轮缘裂纹、破损。

5）轴承变形或轴瓦磨损。

6）滑轮转动不灵。

（3）在受力方向变化较大的场合或在高处使用时应采用吊环式滑车，如采用吊钩式滑车，必须对吊钩进行封口。

（4）使用开门式滑车，必须将门扣锁好。

（5）滑车组的钢丝绳不得产生扭绞。

2.2.7　放线滑车及特种滑车

1. 放线滑车

不论张力放线或非张力放线都需要使用放线滑车，它在放线及紧线过程中起支承导、地线的作用。放线滑车属于定滑车，它根据需要悬挂在悬垂绝缘子串下方或横担的某个指定位置。

（1）分类：

1）放线滑车按支承导、地线的不同分为导线放线滑车、地线放线滑车和光缆放线滑车。

2）导线放线滑车按轮数的不同分为单轮滑车、三轮滑车和五轮滑车，如图 2-22 所示。地线放线滑车仅有单轮滑车，如图 2-23 所示。

3）导线放线滑轮由于构造的不同分为通轴式放线滑车和分轴可装配式放线滑车。

4）由于滑轮材料的不同分为钢轮、铝合金轮和 MC 尼龙轮。

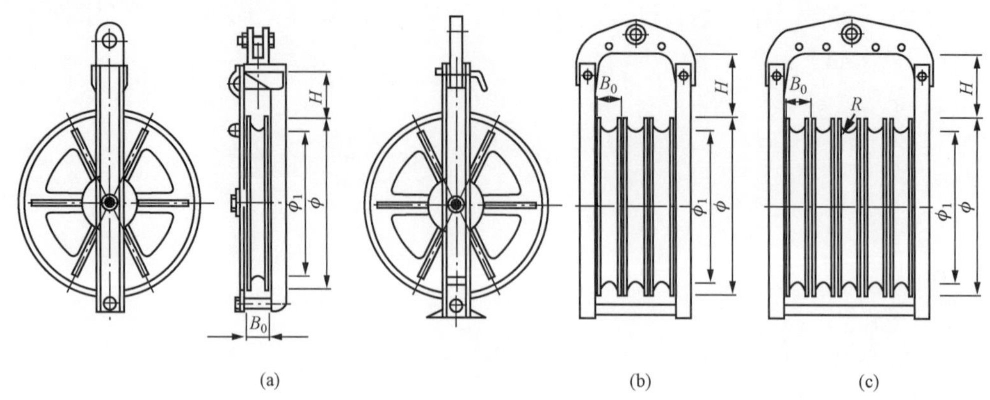

图 2-22　导线防线滑车示意图

(a) 单轮滑车；(b) 三轮滑车；(c) 五轮滑车

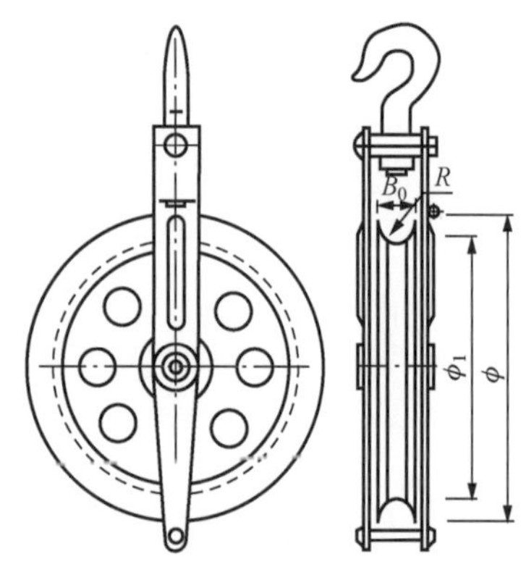

图 2-23　地线放线滑车示意图

(2) 选择放线滑车的基本原则：

1) 滑车的轮数应符合不同牵引方式的要求，如一牵一选择单轮，一牵二选择三轮，一牵四选择五轮等。

2) 导线滑车轮槽的槽底直径应不小于导线直径的 20 倍，地线放线滑车轮槽的槽底直径应不小于镀锌钢绞线的 15 倍，复合光缆放线滑车轮槽的槽底直径应不小于光缆直径的 40 倍，且不小于 500mm。

3) 滑轮的槽深及槽底半径应符合 DL/T 685—1999《放线滑轮基本要求、检验规定及测试方法》的技术要求。

4) 采用张力放线的滑车，其结构尺寸应与牵引板（走板）相适应，并通过工艺性能试验。

5) 对滑轮材料的要求：支承导线和光缆的滑轮应采用铝合金或高强耐磨胶垫的铝轮或 MC 尼龙轮。支承钢绞线和牵引绳的滑轮用钢质或尼龙轮。不论选用何种材料，均以不损伤线索且轻便为原则。

6) 滑车的允许承载力，应不小于作用在单个滑轮上垂直档距为 800～1000m 的相应线缆的重力，安全系数不应小于 3。

(3) 使用放线滑车的注意事项：

1) 使用前应作外观检查，发现零件变形、滑轮转动不灵活、滑轮裂纹及破损、活门开启和关闭有困难的滑车，均不能使用。

2) 必要时应做滑车的磨阻力试验，磨阻系数应不大于 1.015。

3) 必要时应做承载力试验，允许承载力应根据使用的导线型号规格计算确定，也可以按厂方提供的额定负荷试验。

4) 应注意维护检修，定期注润滑油脂。

2. 特种滑车

在张力放线过程中，可能会为了满足某种特别需要而使用一些特种滑车。

(1) 用于大跨越、大转角的双轮放线滑车，如图 2-24 所示。当导线截面积为 240～400mm² 时，双轮间距为 650～785mm，当导线截面积为 500～720mm² 时，间距为 960mm，额定负荷为 40～100kN。

(2) 压线滑车，可用于钢丝绳、导线。滑轮材料用尼龙，适用于钢丝绳为 ϕ20～ϕ24 及导线为 LGJ-400 型及以下规格，额定负荷为 20kN，如图 2-25 所示。

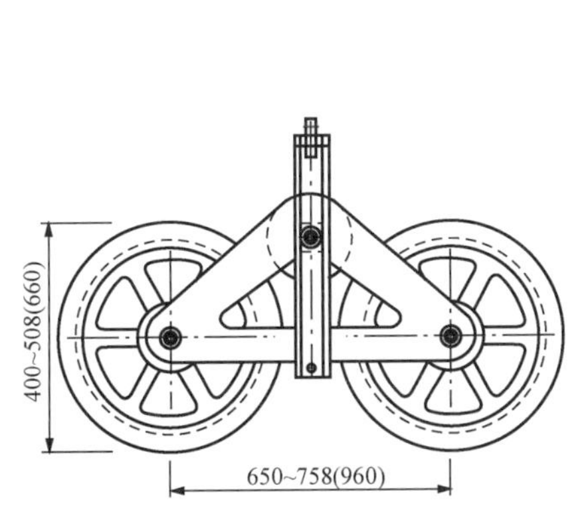

图 2-24　双轮放线滑车

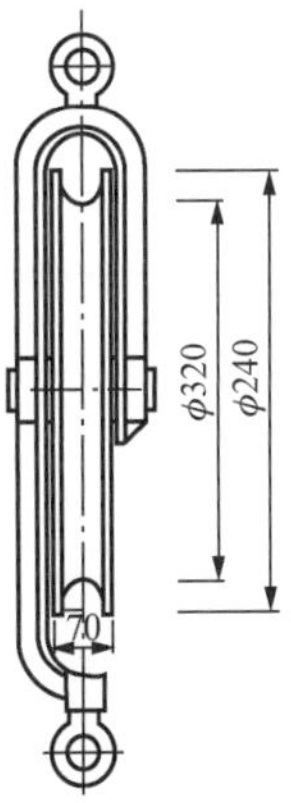

图 2-25　压线滑车

(3) 高速导向滑车，主要用于牵引场转向布置，如图 2-26 所示。滑轮材料用尼龙或铸钢制造，适用于钢丝绳为 ϕ20～ϕ24，允许负荷为 140kN，本体质量为 38（尼龙）或 65（铸钢）kg。

(4) 接地滑车，用于牵引机、张力机出口端的导地线或钢丝绳。通过一根软铜线及铜棒进行接地，可防止静电，保证人身安全。滑车采用钢或铝滑轮，如图 2-27 所示。

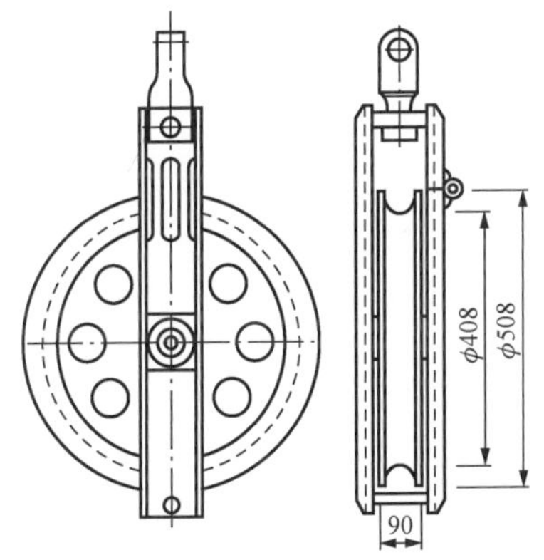

图 2-26　高速导向滑车

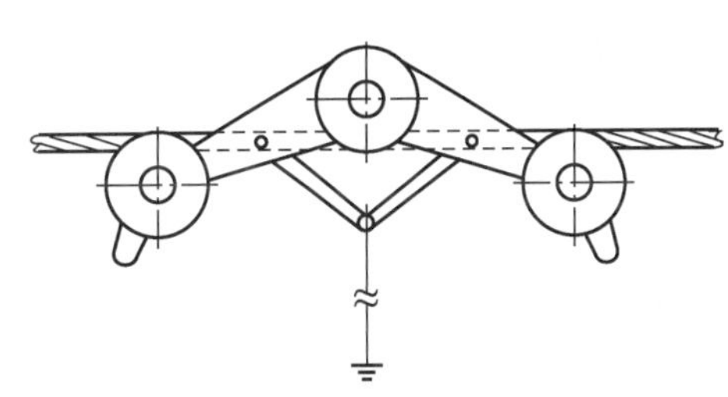

图 2-27　接地滑车

2.2.8　导地线及钢丝绳的夹线工具

导地线及钢丝绳的夹线工具分为导线卡线器、地线卡线器和钢丝绳卡线器三种，如图 2-28所示。

1. 卡线器的技术要求

(1) 抗拉强度应满足牵引导线、地线及钢丝绳的需要，安全系数就不小于 3。

(2) 卡线器能紧握导线、地线或钢丝绳。在导、地线最大使用张力下，卡线器不滑动、不脱出、不损伤导、地线及钢丝绳。

(3) 轻便灵活，易于操作。

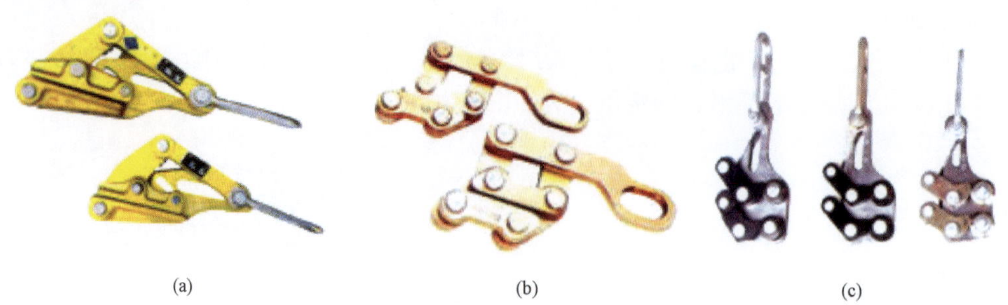

(a) (b) (c)

图 2-28 卡线器

(a) 导线卡线器；(b) 地线卡线器；(c) 钢丝绳卡线器

2. 导线卡线器（也称铝合金紧线夹具）

导线卡线器的技术要求应符合 GB 12167—1990《带电作业铝合金紧线夹具》的规定。

（1）卡线器在额定负荷下与反夹持的铝线应不产生相对滑移，不允许夹伤铝线表面。

（2）卡线器的主要零件应表面光滑，无尖边毛刺、缺口、裂纹等缺陷。各部件连接应紧密可靠，开合夹口方便灵活，整体性好。

（3）卡线器的所有零件表面均应进行防蚀处理。

3. 使用卡线器的注意事项

（1）必须根据导地线或钢丝绳的型号和外径选择与之相匹配的卡线器型号，严禁以大代小或者以小代大。

（2）使用前，必须做卡线器握力试验，确保符合导地线牵拉张力时方准使用。

（3）安装卡线器时，导地线必须进入槽内，且将卡线器收紧。

（4）卡线器严禁超载使用，以防打滑。

（5）随着导地线的牵拉，卡线器尾部的导地线应理顺且收紧，防止导地线卡阻卡线器。

（6）卡线器滑脱易引发伤人事故，故卡线器在牵拉过程中的收线范围内禁止站人。

（7）导、地线卡线器宜加备用保护钢绳套，防止滑脱。

（8）卡线器应有出厂合格证及产品说明书。发现有裂纹、弯曲、转轴不灵或钳口斜纹磨平等缺陷时，严禁使用。

2.2.9 双钩紧线器

双钩紧线器是用以收紧或松出钢丝绳、钢绞线的调节工具，简称双钩。它是线路施工中收紧临时拉线最常用的工具之一，如图 2-29 所示。

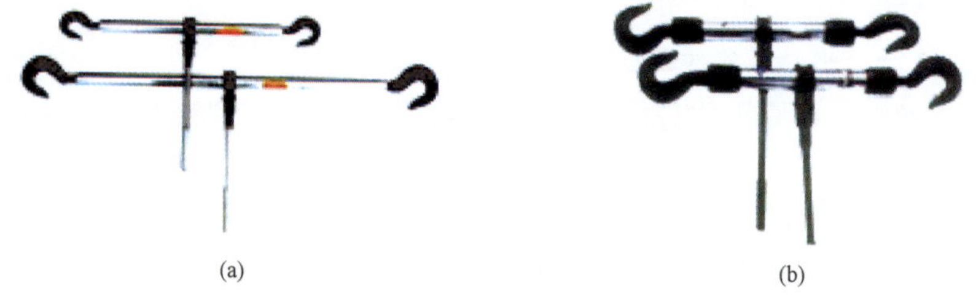

(a) (b)

图 2-29 双钩紧线器

(a) 钢质双钩；(b) 套式双钩

由于其使用材料的不同，有钢质双钩和铝合金双钩，前者应用较多。另外还有一种套式双钩，在收紧状态下，其长度较小，便于携带。

1. 双钩的型号及技术性能

双钩的型号及技术性能如表 2-7 所示。

表 2-7　双钩的型号及技术性能

类　别	型　号	额定负荷（kN）	最大中心距（mm）	可调节距离（mm）	质量（kg）
钢质双钩	SJS-0.5	5	730	230	2.5
	SJS-1	10	840	280	3.5
	SJS-2	20	1030	330	3.8
	SJS-3	30	1350	460	5.7
	SJS-5	50	1440	500	8.1
	SJS-8	80	1660	580	8.5
套式双钩	SJST-1	10	700	290	2.5
	SJST-2	20	780	330	3.0
	SJST-3	30	950	430	4.2
	SJST-5	50	1050	450	7.1

2. 使用双钩的注意事项

（1）双钩应经常润滑保养。运输途中或不用时，应将其收缩至最短限度，防止丝扣碰伤。

（2）双钩的换向爪失灵、螺杆无保险螺丝、表面裂纹或变形等严禁使用。

（3）使用时应按额定负荷控制拉力，严禁超载使用。

（4）双钩只应承受拉力，不得代替千斤顶让其承受压力。

（5）使用、搬运等作业严禁抛掷，从杆塔上拆除后应用麻绳绑牢送至地面。

（6）双钩收紧后要防止因钢丝绳自身扭力使双钩倒转，一般应将双钩上下端用钢丝绳套绑死。

（7）双钩收紧后，丝杆与套管的单头连接长度不应小于 50mm，尤其是套式双钩应注意结合长度，防止突然松脱。

2.3 安　全　用　具

2.3.1 安全用具的作用和分类

1. 安全用具的作用

在电力系统中，根据不同工种（岗位）人员岗位工作的需要，确保完成任务且不发生生产事故，操作工人必须携带并使用各种安全用具。在输配电线路工程作业中，作业人员离不开登高用安全用具；在带电的电气设备上或邻近带电设备的地方工作时，为了防止工作人员触电或被电弧灼伤，需使用绝缘安全用具等。所以，安全用具是防止触电、坠落、电弧灼伤等生产事故，保障工作人员安全的各种专用工具和用具，这些工具是作业中必不可少的。

2. 安全用具的分类

安全用具可分为绝缘安全用具和一般防护安全用具两大类。绝缘安全用具又分为基本安全用具和辅助安全用具两类。

（1）绝缘安全用具：

1）基本安全用具。是指那些绝缘强度大、能长时间承受电气设备的工作电压，能直接用来操作带电设备或接触带电体的用具。属于这一类的安全用具有高压绝缘棒、高压验电器、绝缘夹钳等。

2）辅助安全用具。是指那些绝缘强度不足以承受电气设备或线路的工作电压，而只能加强基本安全用具的保安作用，用来防止接触电压、跨步电压、电弧对操作人员伤害的用具。不能用辅助安全用具直接接触高压电气设备的带电部分。属于这一类的安全用具有绝缘手套、绝缘靴、绝缘垫、绝缘台等。

（2）一般防护安全用具。是指那些本身没有绝缘性能，但可以起到防护工作人员发生事故的用具。这种安全用具主要用作防止检修设备时误送电，防止工作人员走错间隔、误登带电设备，保证人与带电体之间的安全距离，防止电弧灼伤、高处坠落。这些安全用具尽管不具有绝缘性能，但对防止工作人员发生伤亡事故是必不可少的。属于这类的安全用具有携带式接地线、个人保安线、防护眼镜、安全帽、安全带、标示牌、临时遮栏等。此外，登高用的梯子、脚扣、升降板等也属于这类安全用具。

2.3.2 基本安全用具

1. 绝缘棒

绝缘棒又称为绝缘杆、操作杆，如图 2-30（a）所示。

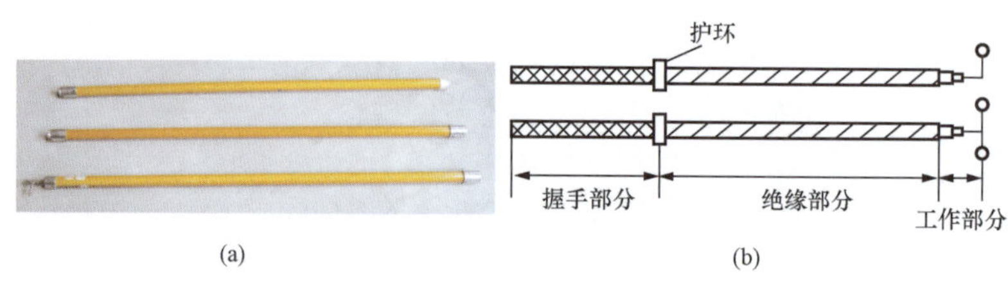

图 2-30 绝缘棒实物和结构图

（a）实物图；（b）结构图

（1）主要用途。绝缘棒用来接通或断开带电的高压隔离开关、跌落开关，安装和拆除临时接地线以及带电测量和试验工作。

（2）结构及规格。绝缘棒的结构主要由工作部分、绝缘部分和握手部分构成，如图 2-30（b）所示。

1）工作部分一般由金属或具有较大机械强度的绝缘材料（如玻璃钢）制成，一般不宜过长。在满足工作需要的情况下，长度不应超过 5～8cm，以免操作时发生相间或接地短路。

2）绝缘部分和握手部分是用浸过绝缘漆的木材、硬塑料、胶木等制成的，两者之间由护环隔开。绝缘棒的绝缘部分须光洁、无裂纹或硬伤，其长度根据工作需要、电压等级和使用场所而定，如 110kV 以上电气设备使用的绝缘棒，其长度部分为 2～3m。

3）为了便于携带和保管，往往将绝缘棒分段制作，每段端头有金属螺丝，用以相互镶接，也可以用其他方式连接，使用时将各段接上或拉开即可。

（3）使用和保管注意事项：

1）使用绝缘棒时，工作人员应戴绝缘手套和穿绝缘靴（鞋），以加强绝缘棒保安作用。

2）在下雨、下雪天使用绝缘棒操作室外高压设备时，绝缘棒应有防雨罩，以使罩下部分的绝缘棒保持干燥。

3）绝缘棒在保管时应注意防止受潮。一般应放在特制的架子或垂直悬挂在专用挂架上，以防止弯曲变形。

4）绝缘棒不得直接与墙或地面接触，防止碰伤其绝缘表面。

（4）检查与试验：

1）绝缘棒一般应每三个月检查一次，检查时要擦净表面，检查有无裂缝、机械损伤、绝缘层损坏。

2）绝缘棒一般每年必须试验一次，试验项目及标准见附表 2。

2. 绝缘夹钳

（1）主要用途。绝缘夹钳是用来安装和拆卸高压熔断器或执行其他类似工作的工具（见图 2-31），主要用于 35kV 及以下的电力系统。

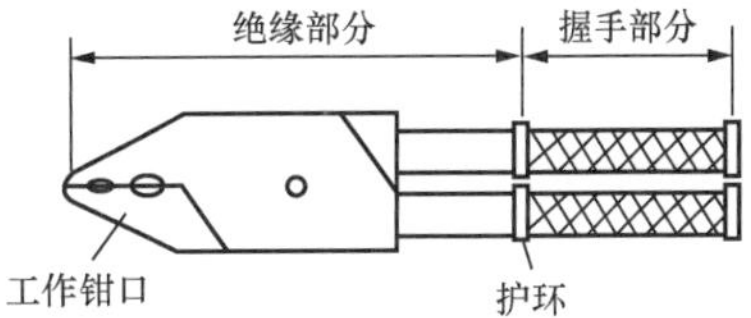

图 2-31　绝缘夹钳

（2）主要结构。绝缘夹钳由工作钳口、绝缘部分（钳身）和握手部分（钳把）组成。各部分所用的材料与绝缘棒相同，只是它的工作部分是一个强固的夹钳，并有一个或两个管型的钳口，用以夹紧熔断器。

它的绝缘部分和握手部分的最小长度不应小于表 2-8 中的数字，这主要根据电压和使用场所而定。

表 2-8　　绝缘夹钳的最小长度

电压（kV）	户内设备用		户外设备用	
	绝缘部分（m）	握手部分（m）	绝缘部分（m）	握手部分（m）
10	0.45	0.15	0.75	0.20
35	0.75	0.20	1.20	0.20

（3）使用和保管注意事项：

1）绝缘夹钳上不允许装接地线，以免在操作时，由于接地线在空中晃动而造成接地短路和触电事故。

2）在潮湿天气只能使用专用的防雨绝缘夹钳。

3）作业人员工作时，应戴护目眼镜、绝缘手套和穿绝缘靴（鞋）或站在绝缘台（垫）上，手握绝缘夹钳要精力集中并保持平衡。

4）绝缘夹钳要保存在专用的箱子或匣子里，以免受潮和磨损。

（4）试验与检查：绝缘夹钳与绝缘棒一样，应每年试验一次，其耐压试验标准见表 2-9。

表 2-9　　绝缘夹钳耐压试验标准

名　称	电压等级（kV）	周　期	交流耐压（kV）	时间（min）
绝缘夹钳	35 及以下	每年一次	3 倍线电压	5
	110		260	
	220		400	

3. 高压验电器

验电器又称为测电器、试电器或电压指示器，它可分为高压和低压验电器两类。高压验电器如图 2-32 所示。

(a)　(b)

图 2-32　高压验电器

(a) 220kV 验电器；(b) 10kV 验电器

根据所使用的工作电压，高压验电器一般分为 10、35、110、220kV 等多个电压等级。

(1) 用途。验电器是检验电气设备是否有电的一种专用安全用具，在停电检修时，用验电器对检修设备验电是不可缺少安全检查措施。

(2) 结构。验电器可分为指示器和支持器两部分，如图 2-33 所示。

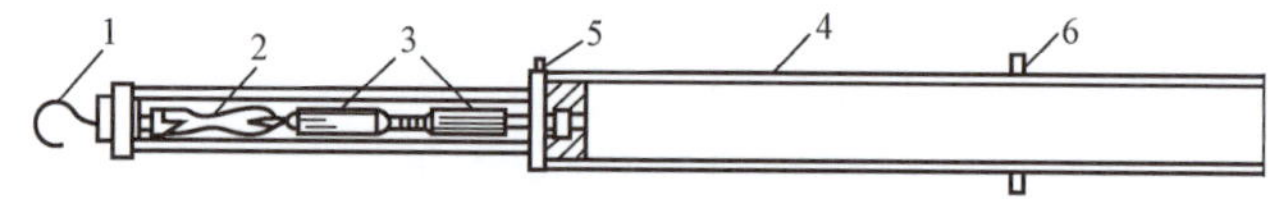

图 2-33　验电器结构图

1—工作触头；2—氖灯；3—电容器；4—支持器；5—金属接头；6—隔离护环

1) 指示器是一个用绝缘材料制成的空心管，管的一端装有金属制成的工作触头 1，管内装有一个氖灯 2 和一组电容器 3；在管的另一端装有一金属接头 5，用作将管连接在支持器上。

2) 支持器 4 是用胶木或硬橡胶制成的，分为绝缘部分和握手部分（握柄），在两者之间装有一个比握柄直径稍大的隔离护环 6。

(3) 使用注意事项：

1) 必须选用与被验电设备电压等级一致的合格验电器。验电操作顺序应按照验电“三步骤”进行，即在验电前，应将验电器在带电的设备上验电，以验证验电器是否良好，然后在已停电的设备进出线两侧逐相验电。当验明无电后，再将验电器在带电设备上复核一次，看其是否良好。

2) 验电时，应戴绝缘手套，验电器应逐渐靠近带电部分，直到氖灯发亮为止，验电器不要立即直接触击带电部分。

3) 验电时，验电器不应装接地线，除非在木梯、木杆上验电，不接地不能指示者，才安装接地线。

4) 验电器用后应存放在匣内，置于干燥处，避免积灰和受潮。

(4) 检查和试验：

1) 每次使用前都必须认真检查，主要检查绝缘部分有无污垢、损伤、裂纹；检查指示氖灯是否损坏、失灵。

2) 对高压验电器应每年试验一次，一般验电器对试验分发光电压试验和耐压试验两部分，试验标准见表 2-10。

表 2-10　验电器的试验标准

验电器额定电压（kV）	发光电压试验		耐压试验			
	氖气管起辉电压（kV）	氖气管清晰电压（kV）	接触端和电容器引出端之间		电容器引出端和护环边界之间	
			试验电压(kV)	试验时间(min)	试验电压(kV)	试验时间(min)
10 及以下	2.0	2.5	25	1	40	5
35 及以下	8.0	10	35	1	105	5

4. 低压验电器

低压验电器又称为低压电笔或验电笔。

（1）用途。这是一种检验低压电器设备、电器或线路是否带电的一种工具，也可以用它来区分相（火）线和中性（地）线。试验时氖管灯泡发亮地即为相线。此外还可以用它来区分交、直流电，当交流电通过氖管灯泡时，两极附近都发亮，而直流电通过氖管时，仅有一个电极发亮。

（2）结构。低压验电器的结构如图 2-34所示。在制作时为了工作和携带方便，常做成钢笔或螺丝刀式。但不管哪种形式，其结构都相似，都是由一个高值电阻、氖管、弹簧、金属触头和笔身组成。

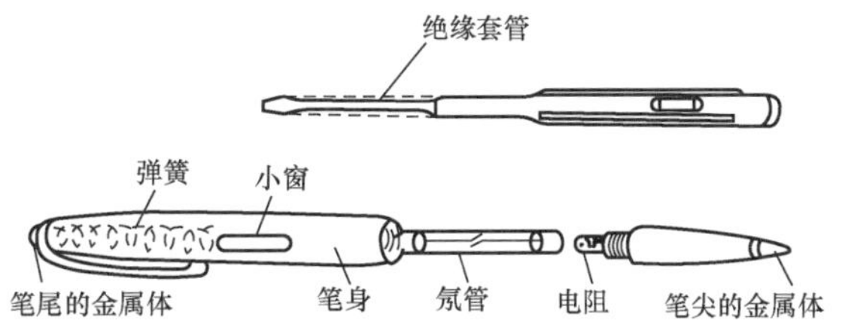

图 2-34　低压验电器（电笔）结构图

（3）使用方法：

1）使用时，手拿验电笔，用一个手指触及金属笔卡，金属笔尖接触被检查带电部分，看氖管是否发亮，如图 2-35 所示。如果发亮，则说明被检查部分是带电的，并且灯泡愈亮，表明电压愈高。

2）验电笔在使用前、后应在带电设备上试验，以证明其是否良好。

3）低压验电笔并无高压验电器的绝缘部分，故绝不允许在高压电气设备或线路上进行试验，以免发生触电事故，只能在 100～500V 范围内使用。

2.3.3　辅助安全用具

1. 绝缘手套

（1）作用。绝缘手套是用在高压电气设备上进行操作时使用的辅助安全用具，如用来操作高压隔离开关、高压跌落式开关、油开关等；在低压带电设备上工作时，把它作为基本安全用具使用，即使使用绝缘手套可直接在低压设备上进行带电作业。绝缘手套可使作业人员的两手与带电体绝缘，是防止同时触击不同极性带电体而触电的安全用品，如图 2-36 所示。

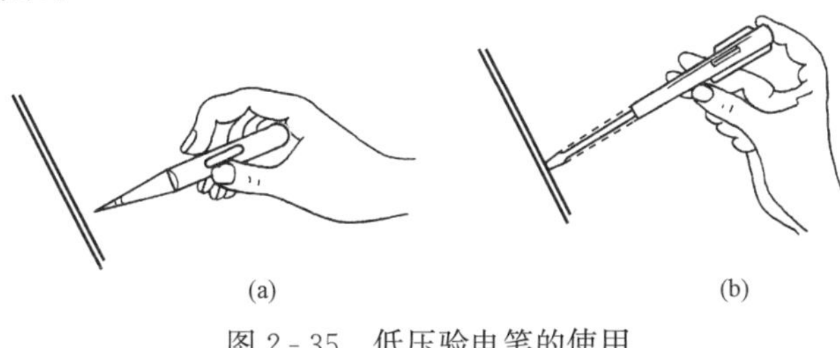

图 2-35　低压验电笔的使用

（2）规格。绝缘手套都是用特种橡胶制成的，按试验电压分为 12kV 和 15kV 两种。

（3）使用及保管注意事项：

1）每次使用前应进行外部检查，查看表面有无损伤、磨损或破漏、划痕等。如有砂眼漏气情况，应严禁使用。

2）使用绝缘手套时，里面最好戴上一双棉纱手套，这样夏天可防止因出汗而操作不便，冬天可以保暖。戴绝缘手套时，应将袖口放入手套的伸长部分。

3）绝缘手套使用后应擦净、晒干，最好撒上一层滑石粉，以免粘连。

4）绝缘手套使用后应存放在干燥、阴凉地方，并倒置放在专用柜中。

2. 绝缘靴（鞋）

（1）作用。绝缘靴（鞋）的作用是使人体与地面绝缘。绝缘靴是高压操作时用来与地面保持绝缘的辅助安全用具，而绝缘鞋用于低压系统中，两者都可作为防护跨步电压的基本安全用具，如图 2-37 所示。

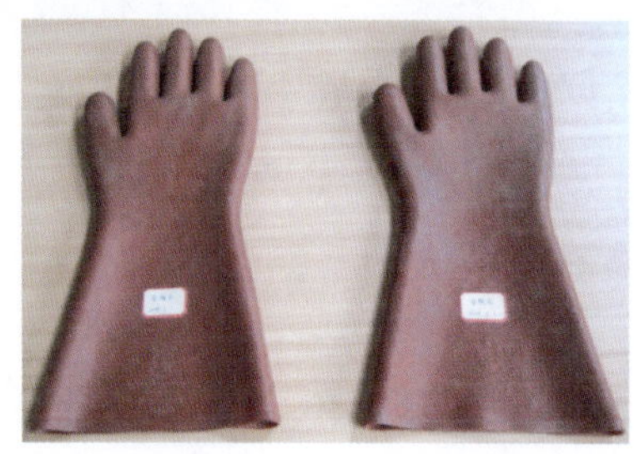

图 2-36 绝缘手套

图 2-37 绝缘靴

（2）规格。绝缘靴（鞋）是由特种橡胶制成的。其规格有：37～41 号，靴高（230±10）mm；41～43 号，靴高（250±10）mm。绝缘鞋的规格为 35～45 号。

（3）使用及保管注意事项：

1）绝缘靴（鞋）不得当作雨鞋使用，其他非绝缘鞋不能代替绝缘靴（鞋）使用。

2）为使用方便，一般现场至少配备大、中号绝缘靴各两双。

3）绝缘靴（鞋）如试验不合格，则不能再穿用。

4）绝缘靴（鞋）在每次使用前必须进行外部检查，查看表面情况，如有砂眼漏气，应严禁使用。

5）绝缘靴（鞋）应存放在干燥、阴凉的地方，并放在专用柜中，并与其他工具分开放置，其上不得堆压任何物件。

（4）试验标准。绝缘靴（鞋）试验标准见附表 2。

3. 绝缘垫

（1）作用。绝缘垫的作用与绝缘靴基本相同，因此可把它视为是一种固定的绝缘靴。绝缘垫一般铺在配电装置室等地面上以及控制屏、保护屏和发电机、调相机的励磁机等端处，以便带电操作开关时，增强操作人员的对地绝缘，避免或减轻发生单相短路或电气设备绝缘损坏时，接触电压与跨步电压对人体的伤害；在低压配电室地面上铺绝缘垫，可代替绝缘鞋，起到绝缘作用。因此在 1kV 及以下时，绝缘垫可作为基本安全用具；而在 1kV 以上时，仅作辅助安全用具，如图 2-38 所示。

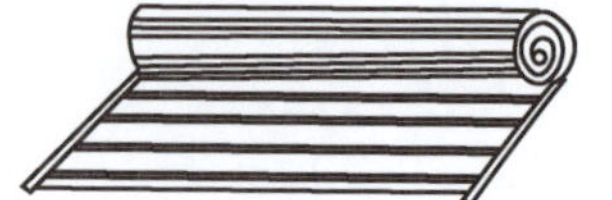

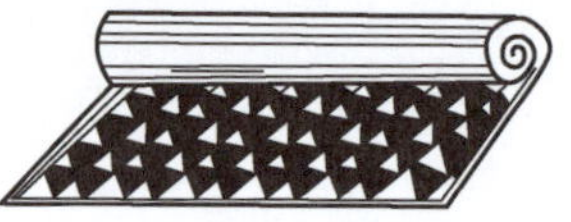

图 2-38 绝缘垫

（2）规格。绝缘垫也是由特种橡胶制成的，表面有防滑条纹或压花，有时也称它为绝缘毯。绝缘垫的厚度有 4、6、8、10、12mm 五种，宽度常为 1m，长度为 5m，其最小尺寸不宜小于 0.75m×0.75m。

（3）使用及保管注意事项：

1）在使用过程中，应保持绝缘垫干燥、清洁，注意防止与酸、碱及各种油类物质接触，以免受腐蚀后老化、龟裂或变粘，降低其绝缘性能。

2）绝缘垫应避免阳光直射或锐利金属划刺，存放时应避免与热源（暖气等）距离太近，以防急剧老化变质，绝缘性能下降。

3）使用过程中要经常检查绝缘垫有无裂纹、划痕等，发现有问题时要立即禁用并及时更换。

（4）试验及标准：绝缘垫每两年应试验一次。

1）试验标准。在 1kV 及以上场所使用的绝缘垫，试验电压不低于 15kV。试验电压依其厚度的增加而增加，见附表 2；使用在 1kV 以下者，试验电压为 5kV，时间都为 2min。

2）试验接线及方法。绝缘垫试验接线如图 2-39所示。试验时使用两块平面电极板，电极距离可以调整，以调到与试验品能接触时为止。把一整块绝缘垫划分成若干等分，试了一块再试相邻的一块，直到所划等分全部试完为止。试验时先将要试的绝缘垫上下铺上湿布，布的大小与极板的大小相同，然后再在湿布上下面铺好极板，中间不应有空隙，然后加压试验，极板的宽度应比绝缘垫宽度小 10～15cm。

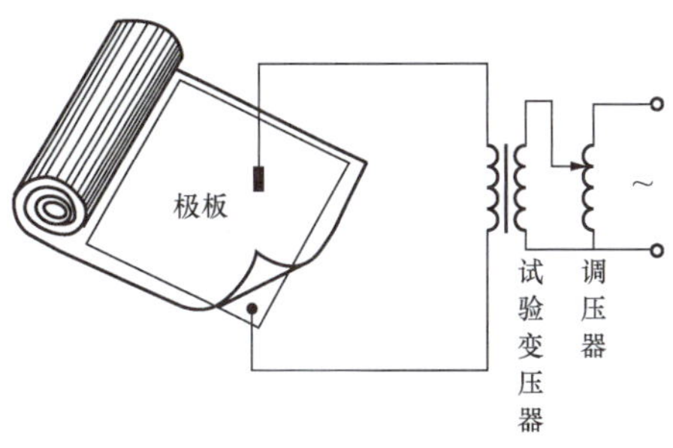

图 2-39　绝缘垫的试验接线

2.3.4　防护安全用具

为了保证电力从业人员在生产中的安全和健康，除在作业中使用基本安全用具和辅助安全用具外，还应使用必要的防护安全用具，如安全带、安全帽、安全绳、护目镜等，这些防护用具是其他安全用具不能代替的。

1. 安全带

（1）作用。安全带是高处作业人员预防坠落伤亡的防护用品，它广泛用于发电、供电、火（水）电建设和电力机械修造部门。在架空输配电线路杆塔上进行施工安装、检修作业时，为防止作业人员从高空坠落，必须使用安全带，如图 2-40 所示。

（2）类型和结构。安全带是由带子、绳子和金属配件组成的。根据作业性质的不同，其结构形式也有所不同，主要有围杆作业安全带、悬挂作业安全带两种，如图 2-41 所示。

（3）适用范围：围杆作业安全带适用于线路混凝土杆、钢管杆的杆上作业；悬挂安全带适用于建筑、安装等工作。

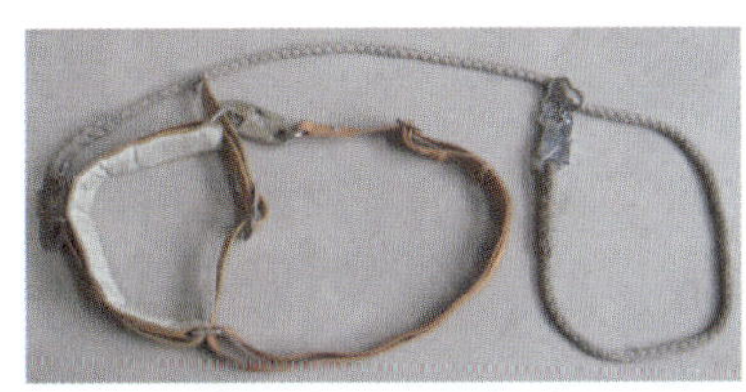
图 2-40　安全带

（4）材料：安全带和绳用锦纶、维尼纶、蚕丝等材料制作。但因蚕丝原料少、成本高，故目前多以锦纶为主要材料。围杆带可用黄牛革制作，金属配件用普通碳素钢或铝合金钢制作。

（5）质量标准：安全带的质量指标主要是破断强度，即要求安全带在一定静拉力试验时不破断为合格；在冲

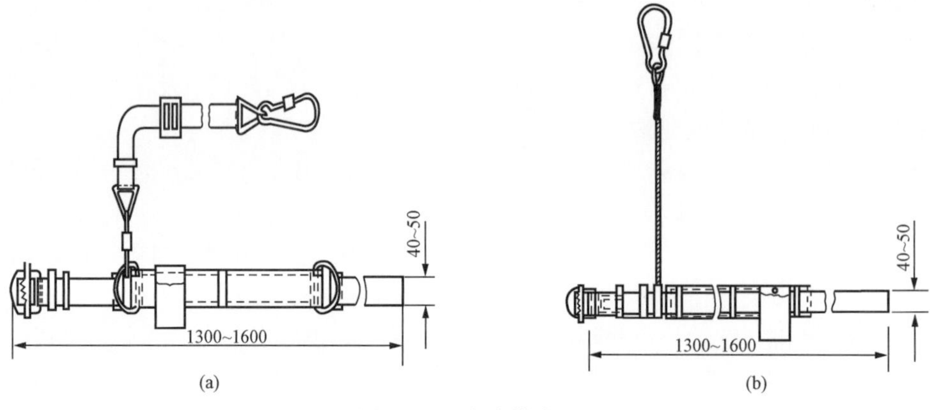

图 2-41 安全带类型

（a）围杆带；（b）悬挂带

击试验时，以各配件不破断为合格。

（6）使用和保管注意事项：

1）安全带使用前，必须作一次外观检查，如发现破损、变质及金属配件有断裂者，应禁止使用，平时不用时，也应一个月作一次外观检查。

2）安全带应高挂低用或水平拴挂，高挂低用就是将安全带的绳挂在高处，人在下面工作；水平拴挂就是使用单腰带时，将安全带系在腰部，绳的挂钩挂在和带同一水平的位置，人和挂钩保持差不多等于绳长的距离。切忌低挂高用（低挂高用易导致二次伤害，特别是对腰椎的损伤），并应将活梁卡子系紧。

3）安全带使用和存放时，应避免接触高温、明火和酸类物质，以及有锐角的坚硬物体和化学药物。

4）安全带可放入低温水中，用肥皂轻轻擦洗，再用清水漂干净，然后晾干，不允许浸入热水中，以及在日光下曝晒或用火烤。

5）安全带上的各种部件不得任意拆掉，更换新绳时要注意加绳套，带子使用期为 3～5 年，发现异常应提前报废。

（7）试验及标准：安全带的试验周期为半年，试验标准见表 2-11。

表 2-11　　安全带试验标准

名称		试验静拉力（N）	试验周期	外表检查周期	试验时间（min）
安全带	大皮带	2205	半年一次	每月一次	5
	小皮带	1470			

2. 安全帽

（1）作用。安全帽，是用来保护使用者头部或减缓外来物体冲击伤害的个人防护用品，广泛应用于电力系统生产、基建修造等工作场所，预防从高处坠落物体（器材、工具等）对人体头部的伤害。在架空线路安装及检修时，为防止杆塔上的人员和工具器材、构架相互碰撞而头部受伤，或杆塔上工作人员失落的工具和器件击伤地面人员，因此无论高处作业人员及地面配合人员都应佩戴安全帽，如图 2-42 所示。

（2）保护原理。安全帽对头颈部的保护基于两个原理：

1）使冲击载荷传递分布在头盖骨的整个面积上，避免打击一点。

2）头与帽顶空间位置构成一个能量吸收系统，起到缓冲作用，因此可减轻或避免伤害。

（3）结构。普通型安全帽主要由以下几部分构成：

1）帽壳。安全帽的外壳，包括帽舌、帽沿。帽舌位于眼睛上部的帽壳伸出部分，帽沿是指帽壳周围伸出的部分。

2）帽衬。帽壳内部部件的总称，由帽箍、顶衬、后箍等组成。帽箍为围绕头围部分的固定衬带，顶衬为与头顶部接触的衬带，后箍为箍紧于后枕骨部分的衬带。

3）下颏带。为戴稳帽子而系在下颊上的带子。

4）吸汗带。包裹在帽箍外面的吸汗材料。

5）通气孔。使帽内空气流通而在帽壳两侧设置的小孔。

帽壳和帽衬之间有 2～5cm 的空间，帽壳呈圆弧形，如图 2 - 43 所示。帽衬做成单层的和双层的两种，双层的更安全。安全帽的重量一般不超过 400g。帽壳用玻璃钢、高密度低压聚乙烯（塑料）制作，颜色一般以浅色或醒目的蓝色、白色和浅黄色为多。

图 2 - 42　安全帽

图 2 - 43　安全帽的内部结构

（4）技术性能：

1）冲击吸收性能。试验前按要求处理安全帽。用 5kg 重的钢锭自 1m 高度落下，打击木质头模（代替人头）上的安全帽，进行冲击吸收试验，头模所受冲击力的最大值不应超过 4.9kN（500kgf）。

2）耐穿透性能。用 3kg 重的钢锭自 1m 高处落下，进行耐穿透试验，钢锭不与头模接触为合格。

3）电绝缘性能。用交流 1.2kV 试验 1min，泄漏电流不应超过 1mA。

此外，还有耐低温、耐燃烧、侧向刚性等性能要求。冲击吸收试验的目的是观察帽壳和帽衬受冲击力后的变形情况；穿透试验是用来测定帽壳强度，以了解各类尖物扎入帽内时是否对人体头部有伤害。

安全帽的使用期限视使用状况而定。若使用、保管良好，可使用 5 年以上。

3. 携带型短路接地线

（1）接地线的作用。当对高压设备进行停电检修或进行其他工作时，接地线可防止设备突然来电和邻近高压带电设备产生感应电压对人体的危害，还可用以放尽断电设备的剩余电荷。接地线实物如图 2 - 44 所示。

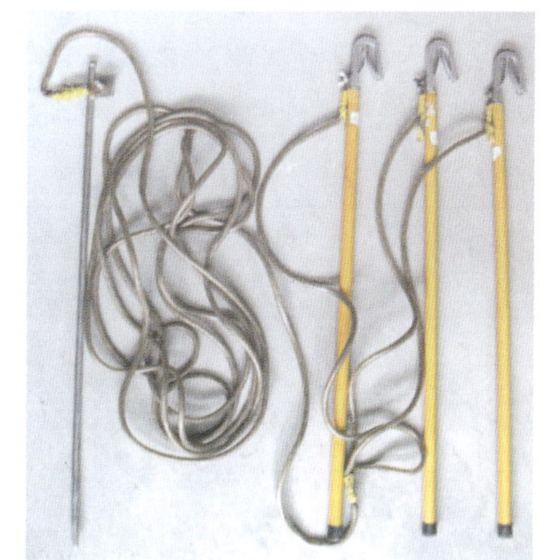

图 2 - 44　接地线实物图

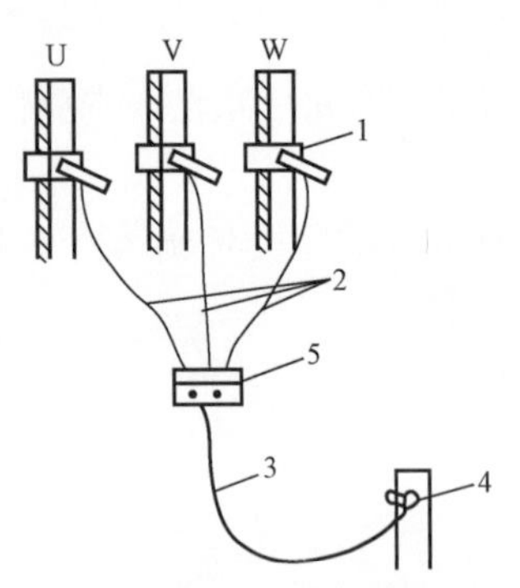

图 2-45 携带型接地线结构图

1—短路线连接到母线的专用夹头；2—三根短的软铜线；3—一根长的软铜线；4—连接接地线到接地装置的专用夹头；5—连接短路线到接地线部分的专用夹头

(2) 组成。携带型接地线结构如图 2-45 所示，由以下几部分组成：

1) 专用夹头（线夹）。有连接接地线到接地装置的专用夹头 4，连接短路线到接地线部分的专用夹头 5 和短路线连接到母线的专用夹头 1。

2) 多股软铜线。其中，相同的三根短的软铜线 2 是接向三根相线用的，它们的另一端短接在一起；一根长的软铜线 3 连接接地装置。多股软铜线的截面应符合短路电流的要求，即在短路电流通过时，铜线不会因产生高热而熔断，且应保持足够的机械强度，故该铜线截面不得小于 $25mm^2$。铜线截面的选择应视该接地线所处的电力系统而定。系统规模较大的，短路容量也大，这时应选择较大截面的短路铜线。

(3) 装拆顺序。接地线装拆顺序的正确与否是很重要的。装设接地线必须先接接地端，后接导体端，且必须接触良好；拆接地线的顺序与此相反。

(4) 使用和保管注意事项：

1) 使用时，接地线的连接器（线卡或线夹）装上后接触应良好，并有足够的夹持力，以防短路电流幅值较大时，由于接触不良而熔断或因电动力的作用而脱落。

2) 应检查接地铜线和三根短接铜线的连接是否牢固，一般应将螺丝拴紧后，再加焊锡焊牢，以防因接触不良而熔断。

3) 装设接地线前，必须验电。装设接地线必须由两人进行，装、拆接地线均应使用绝缘棒和戴绝缘手套。

4) 接地线在每次装设以前应经过详细检查，损坏的接地线应及时修理或更换，禁止使用不符合规定的导线作接地线或短路线之用。

5) 接地线必须使用专用线夹固定在导线上，严禁用缠绕的方法进行接地或短路。

6) 每组接地线均应编号，并存放在固定的地点，存放位置亦应编号。接地线号码与存放位置号码必须一致，以免在复杂的系统中进行部分停电检修时，发生误拆或忘拆地线造成事故。

7) 接地线和工作设备之间不允许连接刀闸或熔断器，以防它们断开时，设备失去接地，使检修人员发生触电事故。

8) 装设的接地线的最大摆动范围与带电设备的允许安全距离见表 2-12。

表 2-12 接地线的最大摆动范围与带电设备的允许安全距离

电压等级（kV）	户内/户外	允许安全距离（m）	电压等级（kV）	户内/户外	允许安全距离（m）
1~3	户内	7.5	20	户内	18
6	户内	10	35	户内	29
				户外	40
10	户内	12.5	60	户内	46
				户外	60

4. 个人保安线

(1) 个人保安线的作用。工作地段如有邻近、平行、交叉跨越及同杆架设线路，为防止停电检修线路上感应电压伤人，在需要接触或接近导线工作时，应使用个人保安线。

(2) 使用和保管注意事项：

1) 保安线是个人的安全工具，不得作为它用。使用前应检查完好程度，如损坏严禁继续使用，使用年限为三年。

2) 个人保安线应在杆塔上作业人员接触或接近导线的作业开始前挂接，作业结束脱离导线后拆除。装设时，应先接接地端，后接导线端，且接触良好、连接可靠。拆卸个人保安线的顺序与此相反。

3) 在工作票上应注明当天使用的个人保安线数量及编号。工作结束后，应核实拆除的个人保安线数量及编号，防止漏拆造成带保安线合闸事故。

4) 个人保安线应使用有透明护套的多股软铜线，截面积不得小于16mm^2，且应带有绝缘手柄或绝缘部件。严禁以个人保安线代替接地线。

5. 临时遮栏

(1) 作用。临时遮栏用于防护工作人员意外碰触或过分接近带电体而造成人员触电事故的一种防护用具；也可作为工作地点与带电设备之间安全距离不够时的安全隔离装置。

(2) 制作。临时遮栏可用干燥木材、橡胶或其他坚韧绝缘材料制成，不能用金属材料制作，高度至少应有1.7m，应安置牢固，并悬挂“止步，高压危险!”的标示牌，如图2-46所示。

对于35kV及以下设备的临时遮栏，如因干燥特殊需要，可用绝缘挡板与带电部分直接接触，当此种挡板必须高度绝缘。

6. 脚扣

(1) 脚扣基本结构。脚扣，又叫铁脚，是攀登电杆的工具。它分两种：一种是扣环上制有铁齿，供登木杆使用，如图2-47 (a) 所示；另一种在扣环上裹有橡胶，供登混凝土杆用，如图2-47 (b) 所示。脚扣攀登混凝土杆速度较快。

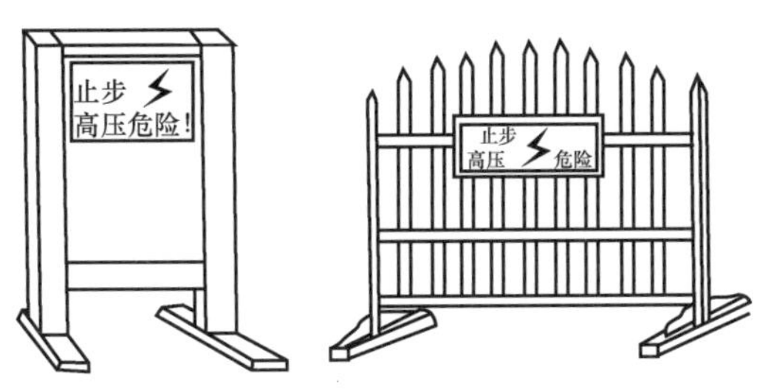

图2-46　临时遮栏

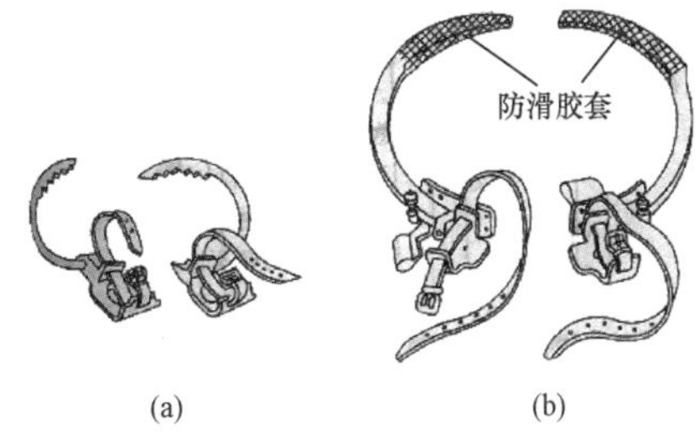

图2-47　脚扣示意图
(a) 登木杆用的脚扣；(b) 登混凝土电杆用的脚扣

(2) 脚扣使用方法。登杆方法容易掌握，具体使用方法介绍如下：

1) 向上攀登。在地面套好脚扣，登杆时根据自身方便，可任意用一只脚向上跨扣（跨距大小根据自身条件而定)，同时用与上跨脚同侧的手向上扶住混凝土杆。然后另一只脚再向上跨扣，同时另一只手也向上扶住混凝土杆，如图2-48中步骤3所示的上杆姿势。以后步骤重复，只需注意两手和两脚的协调配合，当左脚向上跨扣时，左手应同时向上扶住混凝土杆；当右脚向上跨扣时，右手应同时向上扶住混凝土杆。直到杆顶需要作业的部位。

2）杆上作业：

①操作者在混凝土杆左侧工作，此时操作者左脚在下、右脚在上，即身体重心放在左脚，右脚辅助。估测好人体与作业点的距离，找好角度，系牢安全带即可开始作业（必须扎好安全腰带，并且要把安全带可靠地绑扎在电线杆上，以保证在高处作业时的安全）。

②操作者在混凝土杆右侧作业，此时操作者右脚在下、左脚在上，即身体重心放在右脚，以左脚辅助。同样也是估测好人体与作业点上下、左右的距离和角度，系牢安全带后即可开始作业。

③操作者在混凝土杆正面作业，此时操作者可根据自身方便采用上述两种方式的一种方式进行作业，也可以根据负荷轻重、材料大小采取一点定位，即两脚同在一条水平线上，用一只脚扣的扣身压扣在另一只脚的扣身上。这样做是为了保证杆上作业时的人体平稳。脚扣扣稳之后，照样选好距离和角度，系牢安全带后进行作业。

3）下杆。杆上工作全部结束，经检查无误后下杆。下杆可根据用脚扣在杆上作业的三种方式，首先解脱安全带，然后将置于混凝土杆上方侧的（或外边的）脚先向下跨扣，同时与向下跨扣之脚的同侧手向下扶住混凝土杆，然后再将另一只脚向下跨扣，同时另一只手也向下扶住混凝土杆，如图 2-49 中步骤 1～2 所示下杆姿势。以后步骤重复，只需注意手脚协调配合往下就可，直至着地。

图 2-48　运用脚扣登杆示意图（上杆）

图 2-49　运用脚扣下杆示意图（下杆）

为了安全，在登杆前必须对所用的脚扣进行仔细检查、脚扣的各部分有无断裂、锈蚀现象；脚扣皮带是否牢固可靠，脚扣皮带若损坏，不得用绳子或电线捆绑代替。在登杆前，应对脚扣进行人体载荷冲击试验。试验时必须单脚进行，当一只脚扣试验完毕后，再试第二只。试验方法简便，操作者只要按图 2-49 中步骤 1 所示，登一步混凝土杆，然后使整个人的重力以冲击的速度加在一只脚扣上。在试验后证明两只脚扣都没有问题，才能正式进行登杆。

运用脚扣上、下杆的每一步，必须先使脚扣环完全套入，并可靠地扣住混凝土杆，才能移动身体。此点要注意，否则容易造成事故。

脚扣试验压力要调大。定期对脚扣进行静压力试验时，应将试验压力提高。《电力安全工作规程》中规定，脚扣试验静压力为 980N，时间为 5min，这个试验压力偏小。现在由于生活水平的不断提高，现代人的身材、体重都有较大增长，在上杆作业时考虑人的体重、人上下杆的冲击力、杆上人员承受的材料重量等，故此试验压力就显偏小。为此应将试验压力数据调大，以避免使用脚扣登杆作业时发生断脚扣事故。

7. 登高板的使用

（1）登高板概述。登高板，又称三角板，蹬板和踏板，是输配电线路作业人员攀登混凝土杆及杆上作业的一种工具。登高板由铁钩、麻绳、木板组成。绳钩至木板的垂直长度与使用人的高度相适应，一般应保持作业人员手臂长为宜。板是采用质地坚韧的木材制成的。绳采用 16mm 直径的三股白棕绳。登高板的木板和白棕绳均应能承受 300kg 重量，每半年要进行一次载荷试验，在每次登高前应做人员冲击试验。登高板的使用方法要掌握得当，否则发生脱钩或下滑，就会造成人身伤亡事故。

（2）登高板使用方法。

1）向上攀登，如图 2-50 所示，其步骤如下：

①左手握住绳子上部，绕过混凝土杆，右手握住绕过来的铁钩，钩子开口应向上（开口向下绳子会滑出）；两只手同时用力将绳子向上甩（超过作业人员举手高度），左手的绳子套在右手的铁钩内，左手拉住绳子往下方用力收紧。如图 2-50 步骤 1 所示，把一只登高板勾挂在混凝土杆上，高度恰是操作者能跨上，把另一只登高板背挂在肩上。左手握左面绳子与木板相接的地方，将木板沿着混凝土杆横向右前方推出，右脚向右前方跷起，踩在木板上；接着右手握住钩子下边的两根棕绳，并须使大拇指顶住铁钩用力向下拉紧（拉得越紧，套在混凝土杆上的绳子越不会下滑）；左手将木板往左拉，并用力向下撤，左脚用力向上蹬跳，右脚应在木板上踩稳，人体向上登上登高板。如图 2-50 步骤 2 所示，操作者两手和两脚同时用力，使人体上升，待人体重心转到右脚，左手即应松去，并趁势立即向上扶住混凝土杆，左脚抵住混凝土杆；如图 2-50 步骤 3 所示，当人体上升到一定高度时，应即松开右手，并向上扶住混凝土杆，且趁势使人体立直，接着把刚提上的左脚去围绕左边的棕绳。左脚绕过左面的麻绳，站在登高板上两腿绷直（这样做人不容易向后倒，安全）。

②取下背在肩上的另一只登高板，按同样方法在混凝土杆上扣牢。如图 2-50 步骤 4 所示，在左脚绕过左面的棕绳后踏入三角档内，待人体站稳后，才可在混凝土杆上一级勾挂另一只登高板，此时人体的平稳依靠左脚围绕在左面棕绳来维持。操作者右手握住在混凝土杆上方那只登高板钩子下边的两根绳子，稳住身体，左脚原来在下登高板的绳子前面，现绕回站在木板上，右脚抬起踏在上面登高板的木板上，左手握住上面一只登高板左面绳子和木板相接处用力往上攀登（动作和第一步相同）。如图 2-50 步骤 5 所示，右手紧握上面一只登高板的两根棕绳，并使大拇指顶住铁钩，左手握住左边（贴近木板）棕绳，然后把左脚从棕绳外退出，改成正踏在三角档内，接着才可使右脚跨上另一只登高板的木板。此时人体的受力依靠右手紧握住两根棕绳来获得，人体的平衡依靠左手紧握左面棕绳来维持。操作者左脚离开下面登高板的过程中，脚应悬在两根绳子间和混凝土杆与绳子的中间，有用左脚挡住下面那只登高板，使之避免下滑的动作，用左手解脱下面的登高板。如图 2-50 步骤 6 所示，当人体离开下面一

只登高板的木板时，则需把下面一只登高板解下，此时左脚必须抵住混凝土杆，以免人体摇晃不稳。左脚提上仍盘绕在左边绳子站在登高板上。重复上述往上挂登高板的动作，一步一步向上攀登。要注意由于越往上混凝土杆越细，登高板放置的档距也应逐渐缩小些。

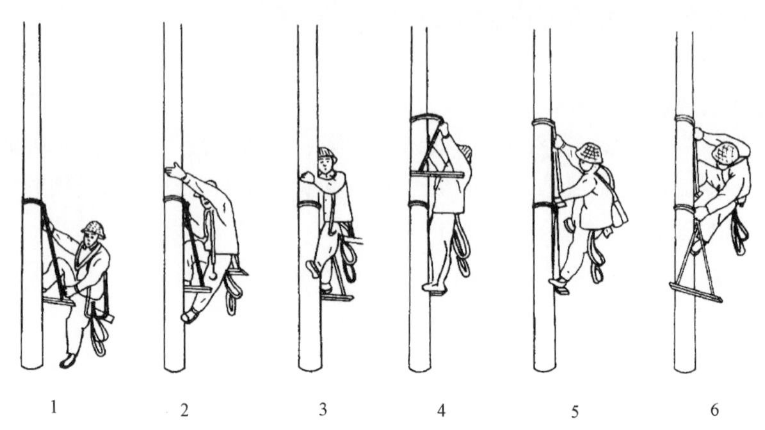

图 2-50 用登高板登杆示意图

2）杆上作业：

①在登高板上作业的站立姿势示意如图 2-51 所示。两只脚内侧夹紧混凝土杆，这样登高板不会左右摆动摇晃。

②安全带束腰位置。刚开始学习当电工的人一般都喜欢把安全带束在腰部，但杆上作业时间一般较长，腰部是承受不了的，正确位置是束在腰部和臀部之间位置，这样不仅工作时间可长些，而且人的后仰距离也可更大，但安全带不能束得太松，以不滑过臀部为准。

③下杆。如图 2-52 所示，解脱安全带后在登高板上站好，左手握住另一只登高板的绳子，放置在腰部下方，右手接住铁钩绕过电线杆，在人站立着的登高板绳子与混凝土杆间隙中间钩住左手的绳子（要注意钩子的开口仍要向上），这时左手同时握住绳子和铁钩（可使绳子不滑出铁钩），并使这只登高板徐徐下滑；将左脚放在左手下方，左手左脚同时以最大限度向下滑，然后用左手将绳子收紧，用左脚背内侧抵住；左手握住上面登高板绳子的下方，同时右脚向下，右手沿着上面登高板右面绳子向下滑，并握住木板，左脚用力使人体向外，右脚踩着下面登高板，此时下面登高板已受力，可防止登高板自由下落；抽出左脚，盘住左面的绳子在登高板上站好，将上面登高板绳子向上晃动，使绳子与铁钩松动，登高板自然下滑，解下。重复上述步骤，逐级下移到地面。

图 2-51 在登高板上作业的站立姿态示意图

3）运用登高板下杆具体步骤。作业人员从上板退下，使人体不断下降，并要使右脚能准确地踏到下面一只登高板。如图 2-52 所示。

①人体站稳在现用的一只登高板上，把另一只

图 2-52　运用登高板下杆具体步骤示意图

登高板勾挂在现用登高板下方，别挂得太低，铁钩放置在腰部下方为宜，如图 2-52 步骤 6 所示。

②右手紧握现用登高板勾挂处的两根绳索，并用大拇指抵住挂钩，以防人体下降时登高板随之下降，左脚下伸，并抵住下方混凝土杆。同时，左手握住下一只登高板的挂钩处（不要使用已勾挂好的绳索滑脱，也不要抽紧绳索，以免登高板下降时发生困难），人体随左脚的下伸而下降，并使左手配合人体下降而把另一只登高板放下到适当位置。

③当人体下降到如图 2-52 步骤 3 所示的位置时，使左脚插入另一只登高板的两根棕绳和混凝土杆之间（即应使两根棕绳处在左脚的脚背上）。

④左手握住上面一只登高板左端线索，同时左脚用力抵住混凝土杆，这样既可防止登高板滑下，又可防止人体摇晃。

⑤双手紧握上面一只登高板的两根绳索，使人体重心下降。

⑥双手随人体下降而下移紧握绳索位置，直至贴近两端木板，左脚不动，但要用力支撑住混凝土杆，使人体向后仰开，同时右脚从上一只登高板移下。

⑦当右脚稍一着落而人体重量尚未完全降落到下一只登高板时，就应立即把左脚从两根棕绳内抽出（注意：此时双手不可松劲），并趁势使人体贴近混凝土杆站稳。

⑧左脚下移，并准确绕过左边棕绳，右手上移且抓住上一只登高板铁钩下的两根棕绳。

⑨左脚盘在下面的登高板左面的绳索站稳，双手解去上一只登高板铁钩下的两根棕绳；以后按上述步骤重复进行，直至人体着地为止。

综上所述，运用登高板或用脚扣登杆，看似复杂，实则简便。用登高板登杆和下杆方便快捷，特别是在杆上作业，比较灵活舒适；长时间的杆上作业，降低疲劳程度。而用脚扣登杆，登木杆要选用扣环上制有铁齿的脚扣；登混凝土杆要选用扣环上裹有橡胶的脚扣。同时，必须穿适合电线杆粗细的脚扣，而且登杆和下杆时需要调整脚扣大小。用脚扣时杆上作业易疲劳，特别是腿脚部，这一点不如用登高板。

2.3.5 安全色、安全标志

1. 安全色

根据国家电网公司发布的《国家电网公司电力安全规程》（试行）规定安全色是传递安全信息的颜色，目的是使人们能够迅速发现或分辨安全标志和提醒人们注意，以防发生事故。安全色的应用必须以电器为目的，这和诸如气瓶、母线、管道等涂以各种不同颜色是完全不同的。

（1）定义。安全色表达的是安全信息的颜色，如表示禁止、警告、指令、提示等。安全色规定为红、蓝、黄、绿四种颜色，其含义如表 2 - 13 所示。

表 2 - 13　　安全色的含义和用途

颜　色	含　　义	用　途　举　例
红色	禁止、停止	禁止标志；停止标志：机器、车辆上的紧急停止手柄和按钮；禁止人们触击的部位
		红色表示有电，也表示防火
蓝色	指令、规定	指令标志：如必须佩戴个人防护用具，道路上指引车辆和行人行驶方向的指令
黄色	警告注意	警告标志，警戒标志，围的警戒线，行车道中线，安全帽
绿色	提示，安全状态，通行	提示标志，车间内的安全通道，行人和车辆通行标志，消防设备和其他安全防护设备的位置

（2）用途。安全色用于安全标志牌、交通标示牌、防护栏杆、机器上不准乱动的部位、紧急停止按钮、安全帽、吊车、升降机、行车道中线等。

2. 安全标志

（1）定义。安全标志是由安全色、几何图形和图形符号构成的，用以表达特定的安全信息。

（2）类别。安全标志分为禁止标志、警告标志、指令标志、提示标志四类。

1）禁止标志。几何图形是带斜杠的圆环，如图 2 - 53 所示。

2）警告标志。几何图形是正三角形，如图 2 - 54 所示。

3）指令标志。其含义是必须遵守的意思，几何图形是圆形，如图 2 - 55 所示。

4）提示标志。含义是示意目标的方向，几何图形是长方形，按长短边的比例不同，分为一般提示标志和消防提示标志，如图 2 - 56 所示。

(a)

(b)

(c)

(d)

图2-53　常见的禁止标志图

(a) 禁止合闸，有人工作标志；(b) 禁止合闸标志；(c) 禁止通行标志；(d) 禁止攀登标志

(a)

(b)

(c)

(d)

(c)

图2-54　常见的警告标志

(a) 高压危险标志 ；(b) 当心触电标志；(c) 当心坑洞标志；(d) 当心弧光标志；(e) 当心电缆标志

(a)

(b)

(c)

(d)

图2-55　常见的指令标志

(a) 戴好安全帽；(b) 系好安全带；(c) 使用防护屏；(d) 戴好防护目镜

图2-56　提示标志示意图

2.4 绳　　结

2.4.1 绳索各部位名称

如图 2-57 所示，一条绳索各部位的名称如下：绳端，也称绳头，是指绳索的两个端头，用于打结的那一端称之为“端头”或是环绕端；弯曲的部分称作绳耳；打结后形成的圆圈称作绳环；绳端本是圆圈的则称作索眼；除绳端、绳耳、绳环、索眼等部分以外的绳体主要部分称作主绳。

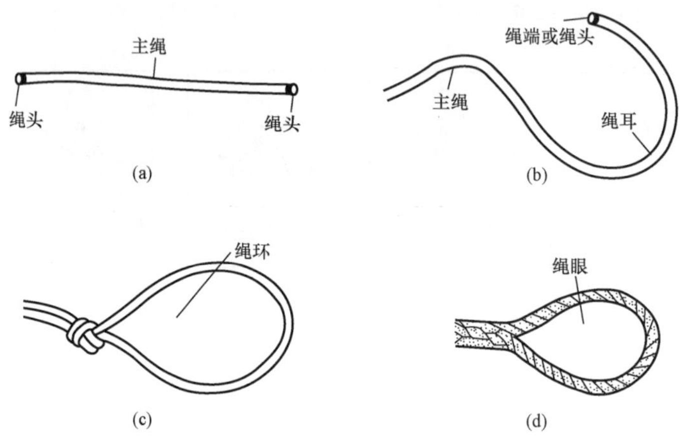

图 2-57　绳索各部位名称
(a) 绳头；(b) 主绳；(c) 绳环；(d) 绳眼

2.4.2 绳头结

绳头结，在捆卷用绳中较常遇到，适用于编制或搓捻绕制的绳索，一般用风筝线等较细的绳索来制作绳头结。在制作时要注意必须先将绳子捆绑后再切断。绳头结制作方法如表 2-14所示。

表 2-14　绳头结的操作方法

1. 如插图般，用线牢牢地缠绕	2. 将线穿过环中	3. 拉紧另一端的线头	4. 切掉线的两端	5. 最后，在距离线头少许处切断绳子即告完成

2.4.3 东帆索绕

东帆索绕是 19 世纪中叶以后，商船队或者是海军经常使用的方法，通常都是用在较粗但不长的绳索上。其特点是能够牢靠且简洁地将绳索捆绑起来，在必要时也可迅速解开。而在保管时，除了可将之平放之外，也可把它挂起来，操作方法如表 2-15 所示。

表 2-15　　东帆索绕的操作方法

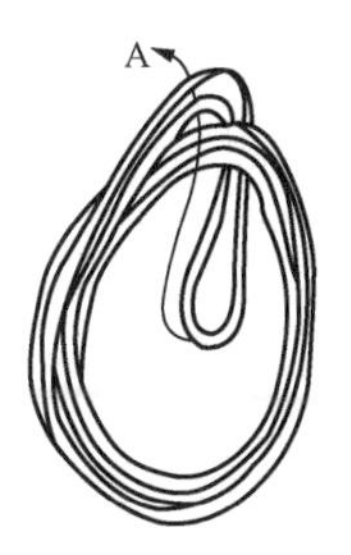	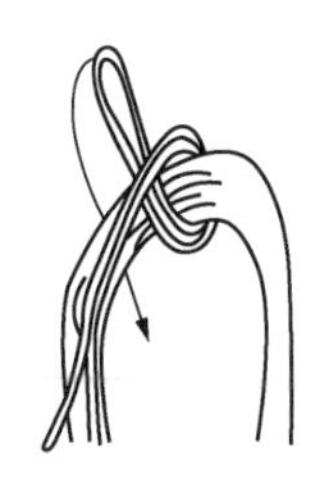			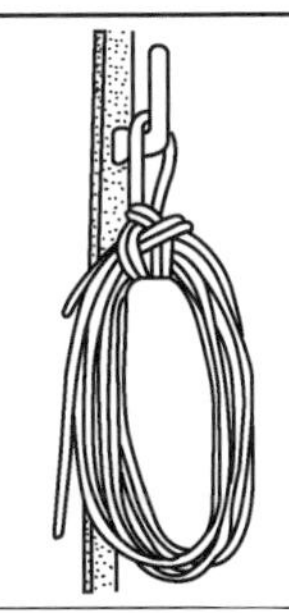
1. 用绳子的一端缠绕已卷成环状的绳子 3～4 圈后，将 A 部穿进环状绳捆中		2. 将 A 部顺着箭头的方向往前拉	3. 将绳子的末端往上拉	4. 如果将末端系在别的物品上，就可以吊挂起来保管

2.4.4　琵琶结

琵琶结，又称钢丝绳结。琵琶结常用作终端结扣，用来悬吊物件、拖拉设备和穿挂滑轮。此结扣打结部分扣牢后绳圈不会缩小，也容易解开。当高处作业人员受伤不能自行走下时，可采用软绳打此结绑胸部向下吊下，琵琶结操作方法如表 2-16 所示。

表 2-16　　琵琶结的操作方法

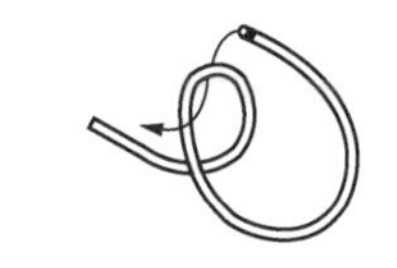	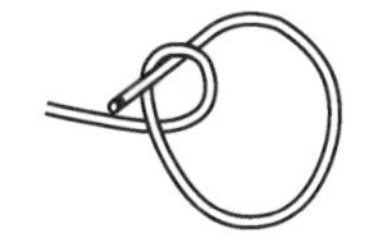	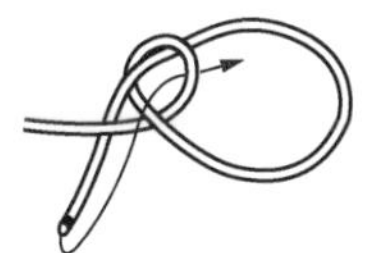	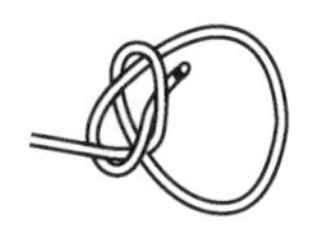	
1. 在绳索的中间打一个绳环	2. 将绳头穿过绳环的中间	3. 绕过主绳	4. 再次穿过绳环	5. 将打结处拉紧便完成

2.4.5　接绳结

接绳结是连接两条绳索时所用，打法简单，拆解容易，可适用于质材粗细不同的绳索，安全可靠程度较高。当两条绳索粗细不一时，打的时候必先固定粗绳，然后再与细绳相连。

接绳结的打法有两种，一般最常使用的是表 2-17 所介绍的操作方法。

表 2-17　　接绳结操作方法 1

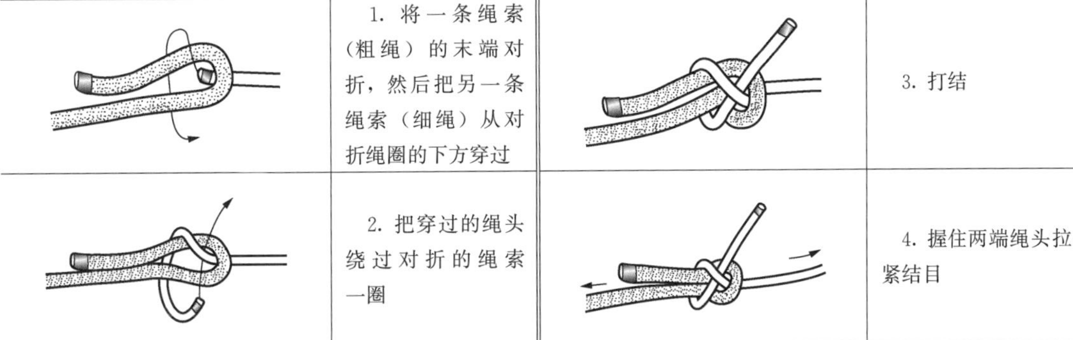

	1. 将一条绳索（粗绳）的末端对折，然后把另一条绳索（细绳）从对折绳圈的下方穿过		3. 打结
	2. 把穿过的绳头绕过对折的绳索一圈		4. 握住两端绳头拉紧结目

2.4.6 双结

用麻绳提吊较轻的物件时可以用双结，如表 2-18 所示。

表 2-18 双 结

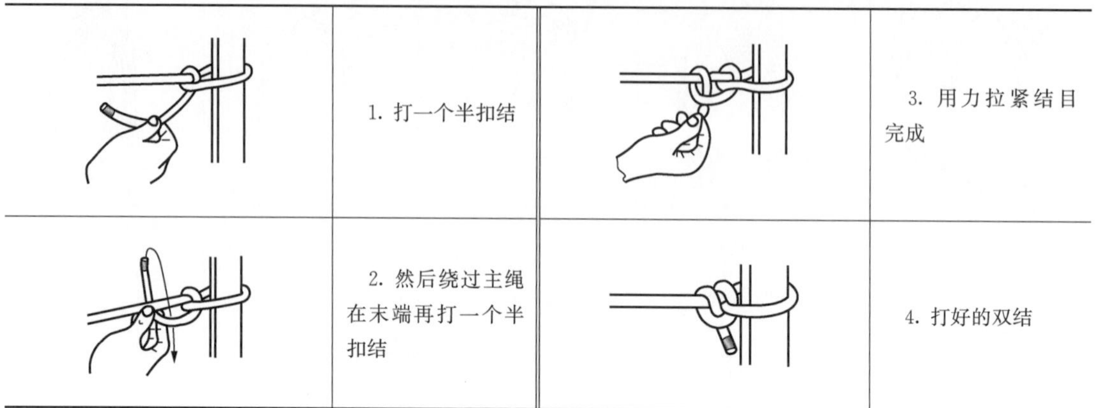

图示	说明	图示	说明
	1. 打一个半扣结		3. 用力拉紧结目完成
	2. 然后绕过主绳在末端再打一个半扣结		4. 打好的双结

2.4.7 系木结

打一个半扣结之后，再把剩下的绳头在绳圈上缠绕 2～3 圈的结就是系木结；也有人称为樵夫结或乡人结。系木结的优点是简单牢固，即使用力拉扯，也不用担心结会散开；不过话虽如此，系木结并不是一个十全十美的绳结，所以在需要考虑到安全性的物品上，系木结不是很好的选择。应用系木结时，可以在完成后再加一个半扣结加强保障，适合用来搬运细长物体。系木结的操作方法如表 2-19 所示。

2.4.8 系木结加半扣结

拖吊搬运细长圆柱体的东西时，系木结加上半扣结的效果较好。此时可以先在物件前端打一个半扣结，然后在稍离开一段距离的地方再打系木结，两个结之间的距离越远越好，如图 2-58 所示。

表 2-19 系木结的操作方法

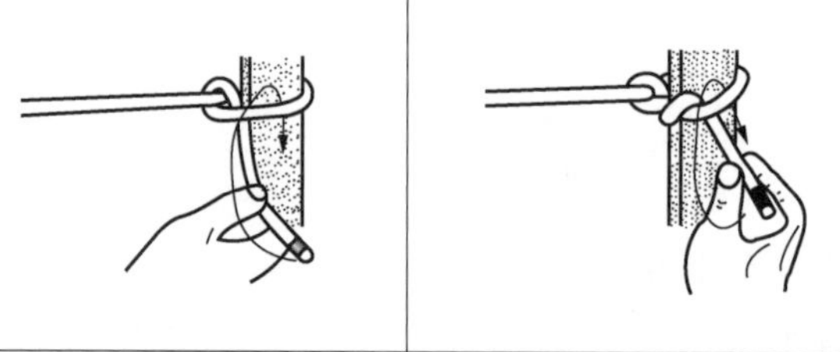

1. 先打一个半扣结	2. 如图所示，将剩下的绳头在绳圈上缠绕 2～3 圈后拉紧

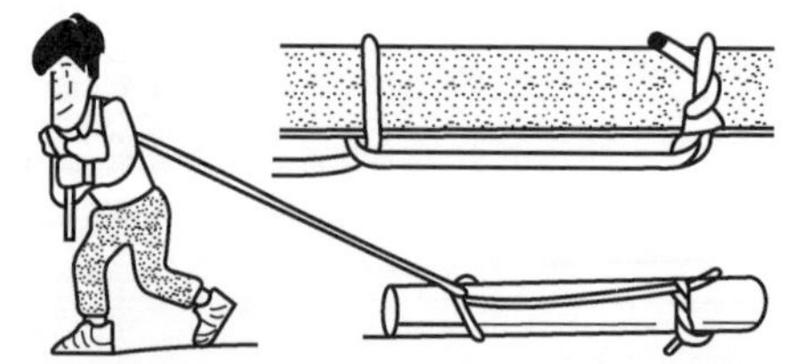

图 2-58 系木结加半扣结示意图

2.4.9 双套结

双套结广泛地应用于将绳索绑系在物体上，简单且实用，也称为猪蹄扣、梯形结。特别是在绳索两端受力均等时，双套结效果较好。如果绳索只有一端使力的话，那么只要在双套结完成后再打一个半扣结，效果一样。此外，如果打成双套滑结，解开时较为方便。双套结的结法有很多，下面介绍最常见的打法。

做两个绳圈，将之重叠后套进物体上便完成双套结。要将绳环套住物体时，这个方法较快速又方便，而且可以从绳索的中间部分开始打结，如表 2-20 所示。

表 2-20　　双套结操作方法

	1. 将绳子绕成两个圈		3. 直接套进物体上
	2. 把右边的绳圈重叠在左边的绳环上		4. 拉紧绳端头

2.4.10　抽结

抽结，又称吊物结。在用麻绳来提吊不易自行滑出的轻小物体时，常常采用此结，如吊运绝缘子、螺栓、抱箍和工具等。此结的特点是越吊越紧、简单易解，具体操作方法如图 2-59 所示。

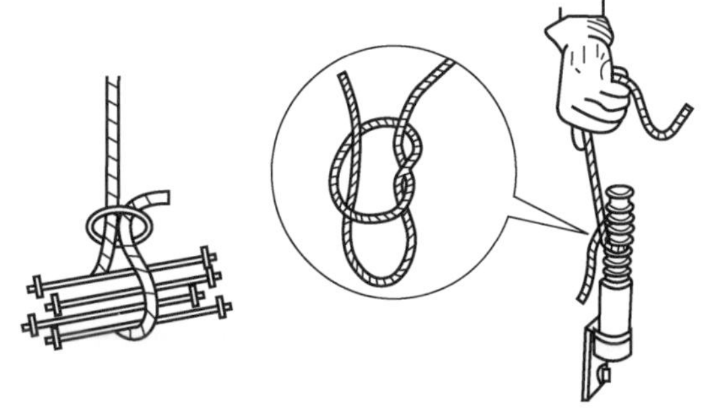

图 2-59　抽结的操作方法

2.4.11　背牵结

背牵结主要用于将绳索的中间部位制作为绳圈，它本是用于驯马的道具。在使用绳索拉重物时，常将此结多绕几个绳圈，然后再把绳圈套在手腕或肩膀上作业，因此又称作人力结。另外，古时候常在人力牵引大炮时用此结，所以它也被叫做炮兵结。

如今，它主要用于装吊一些小东西。因其结构简单，若使用负荷太大，绳圈会变大，结会松开。背牵结打法如表 2-21 所示。

表 2-21　　背牵结操作方法

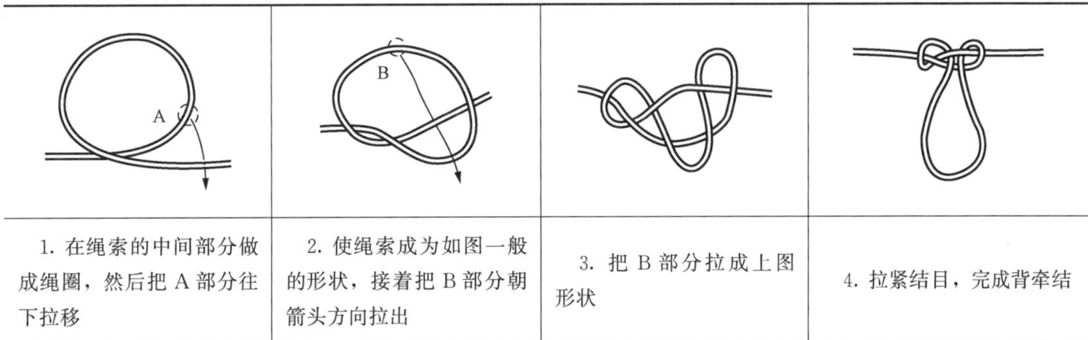

1. 在绳索的中间部分做成绳圈，然后把 A 部分往下拉移	2. 使绳索成为如图一般的形状，接着把 B 部分朝箭头方向拉出	3. 把 B 部分拉成上图形状	4. 拉紧结目，完成背牵结

2.4.12　抗棒结

抗棒结，又称扛物结、抬扣，用来抗抬工件。用麻绳抬运物体时可采用此结。打结时先把A端折成椭圆圈1；将B端绕过被抬运物件，再向上回在绳套1上顺绕一圈半，形成圈2和3；然后在3和绳B端之间折成圆4，并穿过圈2；最后将圈4翻上，与圈1形成两个等高平齐的绳圈，穿入杠内即可，具体操作方法如图2-60所示。

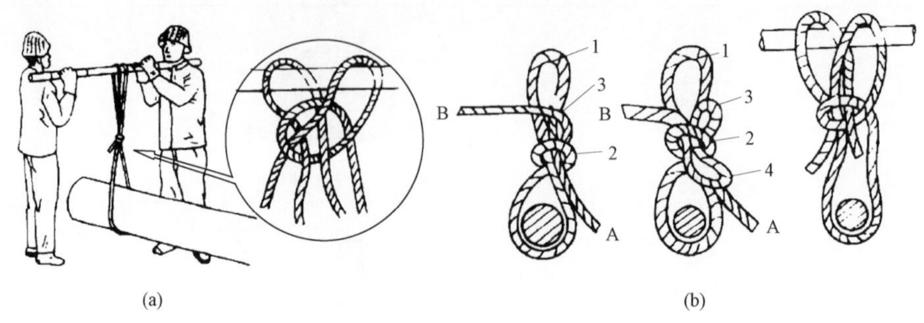

图2-60 抗棒结操作方法

(a) 抗棒结示意图；(b) 抗棒结打法

思 考 题 二

1. 输配电线路作业中常用的手动工具有哪些？
2. 扳手有哪些种类？活络扳手的用途有哪些？
3. 绞磨的种类有哪些？其用途是什么？
4. 抱杆的种类有哪些？其用途是什么？
5. 锚的种类有哪些？其用途是什么？
6. 麻绳一般用哪些材料制成？有何特点？
7. 钢丝绳与麻绳的用途是什么？
8. 使用放线滑车应注意的事项有哪些？
9. 双钩紧线器的用途是什么？
10. 安全用具有哪些种类？其作用是什么？
11. 使用验电器的注意事项有哪些？
12. 安全带的作用是什么？
13. 输配电线路作业中常用的绳结有哪些？

第3章

技能实训项目

模块1 触 电 急 救

在输配电线路工程作业现场，因违规作业、注意力不集中等原因导致触电、高处坠落、犬或蛇咬伤等人身伤害事故时有发生，需要所有作业人员掌握一定的现场急救知识和技能，能够对伤者及时加以处理，减轻伤痛，避免伤者伤情进一步恶化，给伤员得到医生的救护创造有利条件。

紧急救护法的基本原则是在现场采取积极措施，保护伤员的生命，减轻伤情，减少痛苦，并根据伤情需要，迅速与医疗急救中心（医疗部门）联系救治。急救成功的关键是动作快，操作正确。任何拖延和操作错误都会导致伤情加重或死亡。现场作业人员都应该定期接受培训，学习紧急救护方法，会正确解脱电源，会心肺复苏法，会止血、包扎，会转移搬运伤员，会处理急救外伤或中毒等。生产现场和经常有人工作的场所应配备急救箱，存放急救用品，并应指定专人对这些急救用品经常检查、补充或更换。

作为紧急救护法的重要内容之一，触电急救要求每位员工均能够掌握。施救者要认真观察伤员全身情况，防止伤情恶化。发现伤员意识不清，瞳孔扩大无反应，呼吸、心跳停止时，应立即在现场就地抢救，用心肺复苏法支持呼吸和循环，对脑、心等重要脏器供氧。心脏停止跳动后，只有分秒必争地迅速抢救，救活的可能才较大。在医务人员未接替救治前，不应放弃现场抢救，更不能只根据没有呼吸或脉搏的表现，擅自判定伤员死亡，放弃抢救。只有医生有权做出伤员死亡的诊断。与医务人员接替时，应提醒医务人员在触电者转移医院的过程中不得间断抢救。

3.1.1 工作任务和作业条件

1. 工作任务

利用电脑心肺复苏模拟人完成触电急救操作，要求1人独立完成。

2. 作业条件及安全工作要求

(1) 本项工作要求所有作业人员均能按照作业程序进行操作。

(2) 1人操作，1人监护。

(3) 主要工器具及材料：电脑心肺复苏模拟人1台，数字秒表1只，酒精、卫生球（签）、一次性CPR屏障消毒面膜，干燥木棒、金属杆各1根，2m及以上无卷曲电线1根。

(4) 触电者应迅速脱离电源，平置于通风处。

(5) 应尽快呼救，同时判断触电者伤情，采取恰当的救治措施。

(6) 口对口人工呼吸、胸前叩击、体外按压的频率、位置、方式正确，在未得到医护人员判定触电者生命体征状态前，不得停止救护操作。

(7) 作业人员应具备必要的安全生产知识，熟悉《国家电网公司电力安全工作规程（电力线路部分）》相关内容，并经年度考试合格。

3.1.2 作业程序

1. 迅速脱离电源

(1) 迅速脱离电源，10s内完成下列操作（可任选一种操作）。

1）立即拉开电源开关或拔除电源插头，或用有绝缘柄的电工钳或有干燥木柄的斧头切断电线，断开电源。

2）用带有绝缘胶柄的钢丝钳、绝缘物体或干燥不导电物体等工具将触电者迅速脱离电源。

（2）触电急救，首先应使触电者迅速脱离电源。因为电流作用的时间越长，伤害越重。脱离电源，就是要把触电者接触的那一部分带电设备的所有开关、刀闸或其他断路设备断开；或设法将触电者设备脱离开。在脱离电源过程中，救护人员也要注意保护自身的安全，防触电、防坠落。

除（1）所述低压触电时使触电者脱离电源的方法外，发生高压触电时可采用下列方法之一使触电者脱离电源：①立即通知有关供电企业或用户停电；②戴上绝缘手套，穿上绝缘靴，用相应电压等级的绝缘工具按顺序拉开电源开关或熔断器；③抛掷裸金属线使线路短路接地，迫使保护装置动作，断开电源。

救护触电者时，要注意救护者和被救者与附近带电体之间的安全距离，防止再次触及带电设备，即使电源已断开，对未做安全措施并挂设接地线的设备也应视作带电设备。当触电者在杆塔上或高处时，救护者登高时应随身携带必要的绝缘工具和牢固的绳索等，并采取防止坠落的措施救下触电者，如图 3 - 1 所示。如事故发生在夜间，应设置临时照明灯，以便于抢救，避免意外事故的发生。

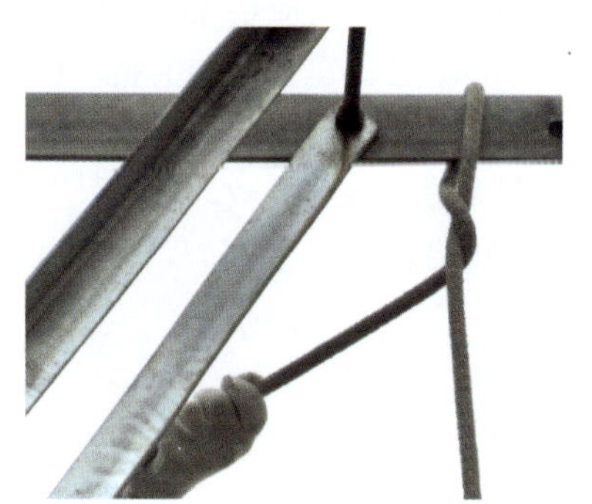

图 3 - 1　杆塔上放下触电者

触电者脱离电源以后，现场救护人员应迅速对触电者的伤情进行判断，根据触电者神智是否清醒、有无意识、有无呼吸、有无心跳（脉搏）等伤情对症抢救。同时设法联系医疗急救中心（医疗部门）的医生到现场接替救治。

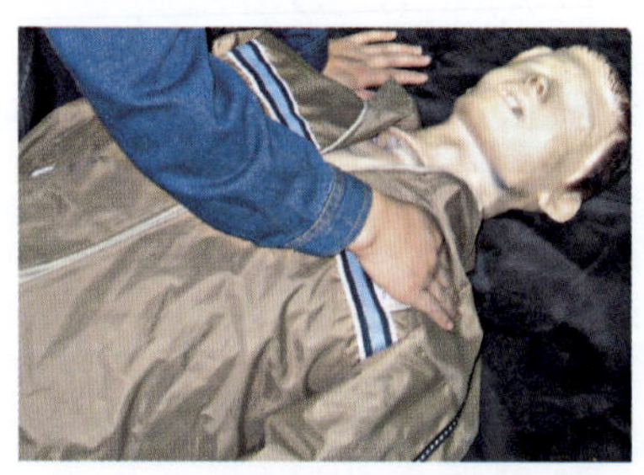

图 3 - 2　判断伤员有无意识

2. 脱离电源后的处理

（1）判断触电者意识，10s 内完成下列操作：

1）轻轻拍打伤员肩部，高声呼喊“喂！你怎么啦?”或呼唤触电者名字，如图 3 - 2 所示。拍打肩部不可用力太重，以防加重可能存在的骨折等损伤。

2）无反应时，立即用手指甲掐压人中穴、合谷穴约 5s。

伤员如出现眼球活动、四肢活动及疼痛感后，应即停止掐压穴位。

3）呼救。一旦初步确定伤员神志昏迷，应立即呼叫“来人啊！救命啊！”召唤周围的其他人员前来协助抢救。因为单人作心肺复苏术不可能坚持较长时间，而且劳累后动作易走样。叫来的人除协助作心肺复苏外，还应立即打电话给救护站或呼叫受过救护训练的人前来帮忙。

（2）摆好触电者体位，5s内完成下列操作：

1）使伤员仰卧于硬板床或地上，头、颈、躯干平卧无扭曲，双手放于两侧躯干旁，如图3-3所示。如伤员摔倒时面部向下，调整触电者体位时要注意保护颈部，可以一手托住颈部，另一手扶着肩部，使伤员头、颈、胸平稳地直线转至仰卧，在坚实的平面上，四肢平放，如图3-3所示。

2）解开伤员上衣，暴露胸部（或仅留内衣），冷天要注意使其保暖。

（3）通畅呼吸道，5s内完成下列操作：

1）采用仰头抬颏法通畅气道：用一只手置于伤员前额，另一只手的食指与中指置于下颌骨近下颏处，两手协同使头部后仰90°。

2）迅速清除口腔异物，2s内完成。

当发现触电者呼吸微弱或停止时，应立即通畅触电者的呼吸道（气道）以促进触电者呼吸或便于抢救。通畅气道主要采用仰头举颏（颌）法，即一手置于前额使头部后仰，另一手的食指与中指置于下颌骨近下颏或下颌角处，抬起下颏（颌），如图3-4所示。注意：严禁用枕头等物垫在伤员头下；手指不要压迫伤员颈前部，颏下软组织，以防压迫气道；颈部上抬时不要过度伸展，有假牙托者应取出。儿童颈部易弯曲，过度抬颈反而使气道闭塞，因此不要抬颈牵拉过度。成人头部后仰程度应为90°，儿童头部后仰程度应为60°，婴儿头部后仰程度应为30°，颈椎有损伤的伤员应采用双下颌上提法。用食指清除口腔中沙土、血块等异物。

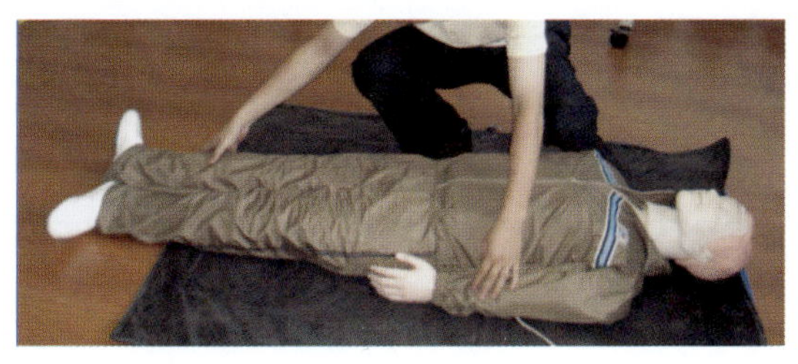

图3-3 摆放伤员体位

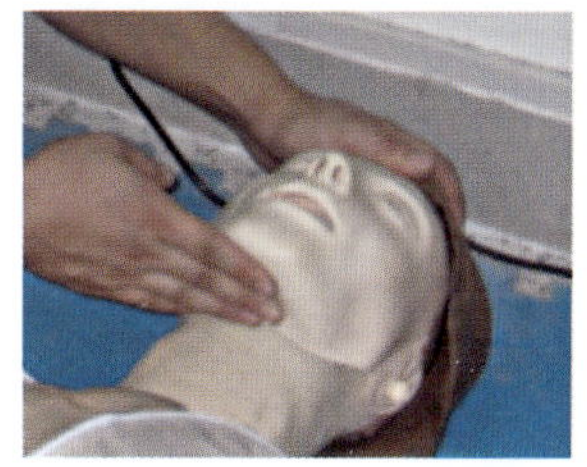

图3-4 仰头举颏

（4）判断触电者呼吸，10s内完成下列操作：

1）看：看伤员的胸部、腹部有无起伏动作，3～5s完成。

2）听：用耳贴近伤员的口鼻处，听有无呼气声音，可与“看”同时进行。

3）试：用颜面部的感觉测试口鼻有无呼气气流，也可用毛发等物放在口鼻处测试，3～5s完成。

在通畅呼吸道后，保持开放气道位置，用“看、听、试”的方式判断触电者是否有呼吸，如图3-5所示。有呼吸者，注意保持气道通畅；无呼吸者，立即进行口对口人工呼吸。

（5）判断伤员有无脉搏，10s内完成操作：

在检查伤员的意识、呼吸、气道之后，应对伤员的脉搏进行检查，以判断伤员的心脏跳动情况。在开放气道的位置下进行（首次人工呼吸后），一手置于伤员前额，使头部保持后仰，另一手在靠近抢救者一侧触摸颈动脉。可用食指及中指指尖先触及气管正中部位，男性可先触及喉结，然后向两侧滑移2～3cm，在气管旁软组织处轻轻触摸颈动脉搏动，如图3-6所示。触摸颈动脉不能用力过大，以免推移颈动脉，妨碍触及；不要同时触摸两侧颈动脉，造成头部供血中断；不要压迫气管，造成呼吸道阻塞；检查时间不要超过10s。

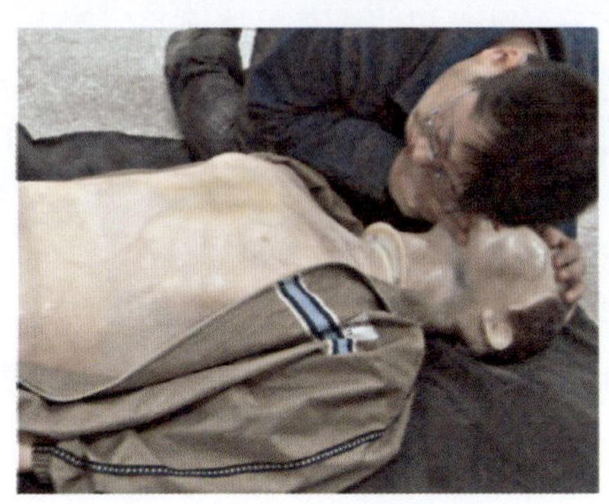

图3-5　看、听、试判断伤员呼吸

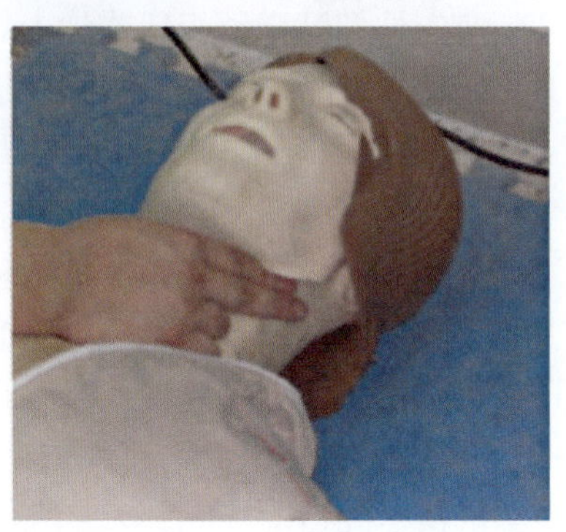

图3-6　触摸颈动脉搏

综合触电者情况判定：触及波动，有脉搏、心跳；未触及波动，心跳已停止。如无意识，无呼吸，瞳孔散大，面色紫绀或苍白，再加上触不到脉搏，可以判定心跳已经停止。婴、幼儿因颈部肥胖，颈动脉不易触及，可检查肱动脉。肱动脉位于上臂内侧腋窝和肘关节之间的中点，用食指和中指轻压在内侧，即可感觉到脉搏。

不同状态下触电者的急救措施，参见表3-1。

表3-1　不同状态下触电者的急救措施

神　志	心　跳	呼　吸	对症救治措施
清　醒	存　在	存　在	静卧、保暖、严密观察
昏　迷	停　止	存　在	胸外心脏按压术
昏　迷	存　在	停　止	口对口（鼻）人工呼吸
昏　迷	停　止	停　止	同时作胸外心脏按压和口对口（鼻）人工呼吸

（6）口对口（鼻）呼吸2次，5s内完成操作：

保持气道通畅，用手指捏住伤员鼻翼，连续吹气两次，每次1s以上。

当判断伤员确实不存在呼吸时，应即进行口对口（鼻）的人工呼吸2次，其具体方法是：

1）在保持呼吸通畅的位置下进行。用按于前额一手的拇指与食指，捏住伤员鼻孔（或鼻翼）下端，以防气体从口腔内经鼻孔逸出，施救者深呼一口气屏住并用自己的嘴唇包住（套住）伤员微张的嘴。

2）用力快而深地向伤员口中吹（呵）气，如图3-7所示，换气的同时仔细地观察伤员胸部有无起伏。如无起伏，说明气未吹进，则气道通畅不够，或鼻孔处漏气、或吹气不足、或气道有梗阻。

3）一次吹气完后，应即与伤员口部脱离，轻轻抬起头部，面向伤员胸部，吸入新鲜空气，以便作下一次人工呼吸；同时使伤员的口张开，捏鼻的手也可放松，以便伤员从鼻孔通气，观察伤员胸部向下恢复时，则有气流从伤员口腔排出。

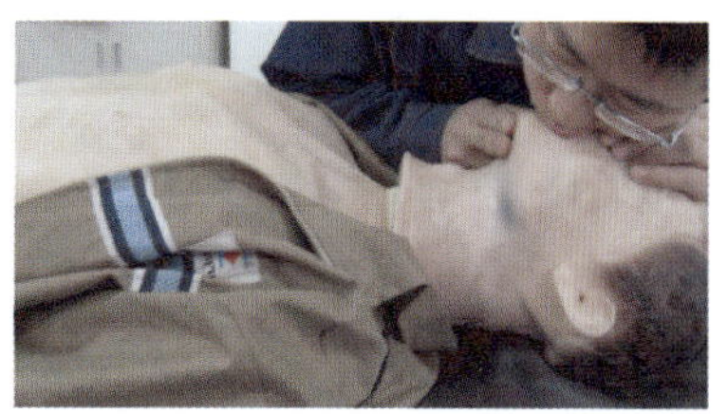
图 3-7 口对口吹气

成人每次吹气量在 1200mL 左右，儿童吹气量约为 800mL 左右，以胸廓能上抬时为宜。口对鼻的人工呼吸，适用于有严重的下颌及嘴唇外伤，牙关紧闭，下颌骨骨折等难以采用口对口吹气法的触电者。

（7）胸前叩击，4s 内完成操作：手握空心拳，快速垂直击打伤员胸前区胸骨中下段 2 次，每次 1～2s，力量中等。

3. 现场心肺复苏 CPR

心肺复苏法主要有口对口人工呼吸和人工循环（体外按压）两种操作，人工呼吸应在体外按压的松弛时间内完成。体外按压与人工呼吸比例为 30：2，即先进行 30 次体外按压（按压频率为 100 次/min）后，再进行 2 次人工呼吸，时间为 16～20s 形成循环，50s 内完成 2 个 30：2 压吹循环（最长不宜超过 1min）。为保证操作次数正确，救护者可数口诀 1，2，…，30 次。

心肺复苏开始阶段，1min 后检查一次脉搏、呼吸、瞳孔，以后每 4～5min 检查一次，检查时间不超过 5s，如图 3-8 所示，最好由协助抢救者检查。如此反复循环进行，直到专业医务人员赶到。

（1）人工循环（体外按压）。人工建立的循环方法有两种：第一种是体外心脏按压（胸外按压），第二种是开胸直接压迫心脏（胸内按压）。在现场急救中，采用的是第一种方法，应牢记掌握。

1）伤员体位。伤员应仰卧于地上或硬板上。硬板长度及宽度应足够大，以保证按压胸骨时，伤员身体不会移动。

2）按压位置：

①首先触及伤员上腹部，食指及中指沿伤员肋弓下缘向中间移滑，找到肋骨和胸骨接合处的中点，寻找胸骨下切迹，两手指并齐，中指放在切迹中点（剑突底部，如图 3-9 所示），食指平放在胸骨干部（见图 3-10），另一只手的掌根紧挨食指上缘，置于胸骨上，即为正确按压位置，如图 3-11 所示。

②胸部正中，双乳头之间，胸骨的下半部即为正确的按压位置。

3）按压姿势：

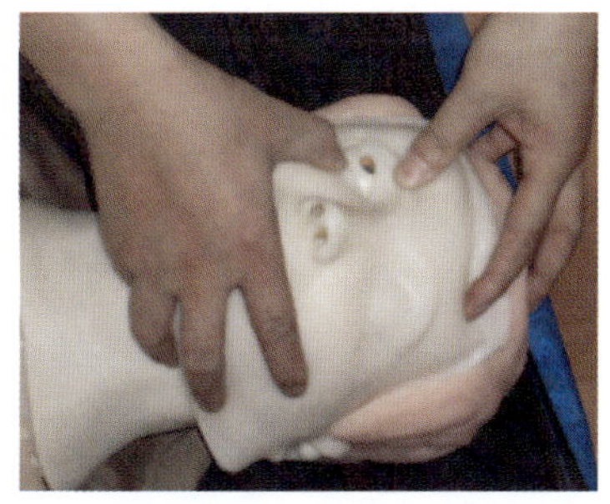
图 3-8 观察瞳孔

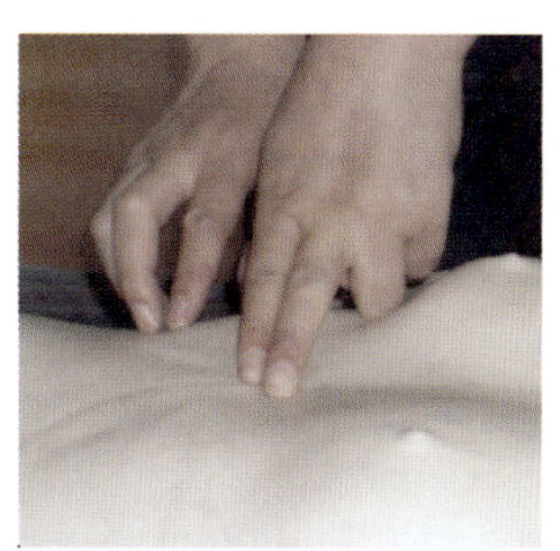
图 3-9 肋弓交点处

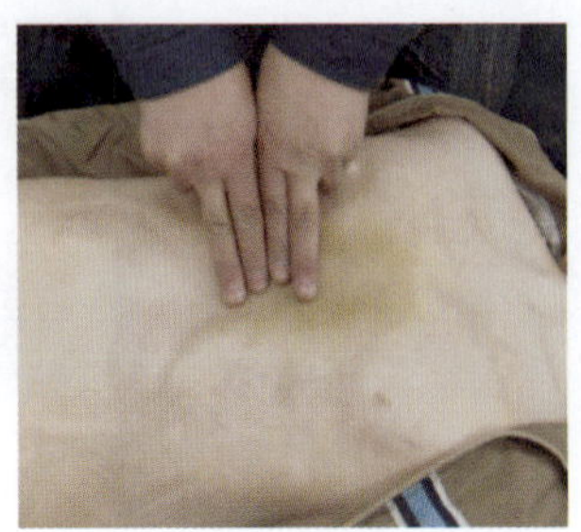

图 3-10 找准按压点

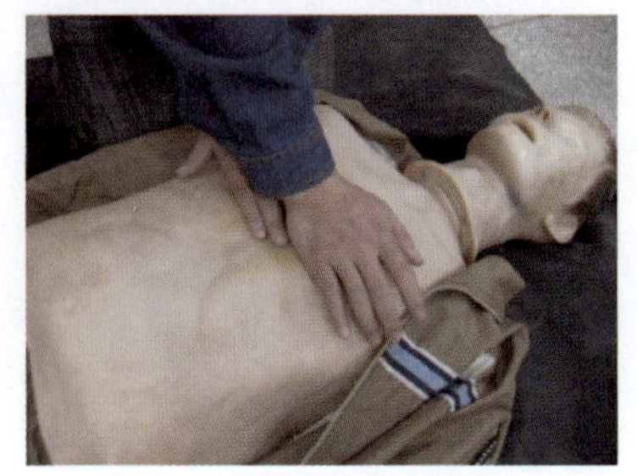

图 3-11 正确按压点

①将定位之手取下，重叠将掌根放于另一手背上，两手手指交叉抬起，使手指脱离胸壁，如图 3-12 所示。

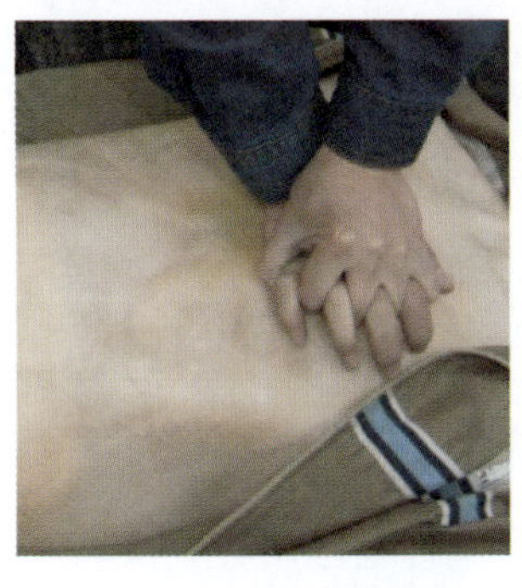

图 3-12 手掌正确姿势

②两臂绷直，双肩在伤员胸骨上方正中，靠自身重量垂直向下按压。

4）按压用力方式：

①平稳，有节律，不能间断。

②不能冲击式地猛压。

③下压及向上放松时间相等，下压至按压深度（成人伤员为 3.8～5cm，5～13 岁伤员为 3cm，婴幼儿伤员为 2cm），停顿后全部放松。

④垂直用力向下。

⑤放松时手掌根部不得离开胸壁。

5）胸外心脏按压操作中常见的错误：

①按压除掌根贴在胸骨外，手指也压在胸膛上，这容易引起骨折（肋骨或肋软骨）。

②按压定位不正确。按压定位点向下易使剑突受压折断而致肝破裂，向两侧易致肋骨或肋软骨骨折，导致气胸、血胸。

③按压用力不垂直，导致按压无效或肋软骨骨折，特别是摇摆式按压更易出现严重并发症。

④抢救者按压时肘部弯曲，因而用力不够，达不到按压深度。

⑤按压冲击式猛压，其效果差，且易导致骨折。

⑥放松时抬手离开胸骨定位点，造成下次按压部位错误，引起骨折。

⑦放松时未能使胸部充分松弛，胸部仍承受压力，使血液难以回到心脏。

⑧按压速度不自主地加快或减慢，影响按压效果。

⑨双手掌不是重叠放置，而是交叉放置。

（2）口对口人工呼吸。保持气道畅通，连续吹气两次，5s 内完成。具体操作同（5）所述。

（3）抢救过程中的再判定，10s 内完成操作：

1）用看、听、试方法对伤员呼吸和心跳是否恢复进行再判定。

2）口诉瞳孔、脉搏和呼吸情况。

在实际进行人工心肺复苏时，应按压吹气 2min 后（相当于抢救时做了 5 组 30∶2 按压吹气循环以上），再进行判断。

（4）心肺复苏法注意事项。

1）吹气不能在向下按压心脏的同时进行。

2）数口诀的速度应均衡，避免快慢不一。

3）操作者应位于触电者侧面便于操作的位置，单人急救时应位于触电者的肩部位置；双人急救时，吹气人应位于触电者的头部附近，按压心脏者应位于触电者胸部、与吹气者相对的一侧。

4）中断时间不超过5s。

5）第二抢救者到现场后，应首先检查颈动脉搏动，然后再开始做人工呼吸。如心脏按压有效，则应触及搏动；如没有触及，应观察心脏按压者的操作是否正确，必要时应增加按压深度及重新定位。

6）可以由第三抢救者及更多的抢救人员轮换操作，以保持精力充沛、姿势正确。

3.1.3 危险点辨识及控制措施

（1）危险点一：防止再次触电伤害。

控制措施：操作人员在使触电者脱离电源之前，应采取可靠措施切断电源，并将电源线挑离，确保操作区域安全，防止人员再次触电。

（2）危险点二：防止操作人员膝盖受伤。

控制措施：操作人员跪在电脑模拟人前操作时，应在膝盖下垫上跪垫，防止膝盖损伤。

3.1.4 技能考核评分细则（见表3-2）

表 3-2 **技能考核评分细则**

学号：		姓名：		系部：		班级：	
成绩：		考评员：		考评组长：		日期：	
技能操作模块名称	触电急救	适用岗位	各岗位	考核时限	3min	使用时间	
需要说明的问题和要求	1. 出现下列任意一种情况考核成绩记为“不合格”：①“脱离电源”项目得分为 0 分；②“人工循环（体外按压）”项目中，按压错误次数超过 30 次						
	2. 1 人单独操作，在规定时间内完成脱离电源、现场心肺复苏前的处理、人工心肺复苏、抢救中再判定等步骤；须按工作程序操作，工序错误扣除应做项目得分						
	3. 心肺复苏模拟人工作程序设定：操作时间为 120s，操作频率为 100 次/min，操作模式为单人训练模式，语音提示为关闭，考生不得观看电脑显示						
	4. 心肺复苏模拟人操作时间 80s，包括口对口人工呼吸、胸前扣击、人工胸外心脏按压、抢救中再判定及口述 15s；考核时限到以后的操作不记分						
	5. 本细则依据中华人民共和国电力行业标准《电力行业紧急救护技术规范》及《国际心肺复苏（CPR）与心血管急救指南 2005》制定						
	6. 考核环境模拟低压触电现场。工具及材料：电脑心肺复苏模拟人、数字秒表 1 只、酒精卫生球（签）、一次性 CPR 屏障消毒面膜、干燥木棒及金属杆各 1 根、2m 及以上无卷曲电线 1 根						
序号	项目名称	质量要求	满分	扣分标准	扣分原因	扣分	得分
1	迅速脱离电源（10s）	①立即拉开电源开关或拔除电源插头，或用有绝缘柄的电工钳或有干燥木柄的斧头切断电线，断开电源； ②用带有绝缘胶柄的钢丝钳、绝缘物体或干燥不导电物体等工具将触电者迅速脱离电源（可任选一种操作）	4	任何使救护者或触电者处于不安全状况的行为不得分； 操作不规范扣 2 分； 操作时间超过 10s 扣 2 分			
2	脱离电源后的处理						
2.1	判断伤员意识及呼叫（10s）	意识判断： ①轻拍伤员肩部，高声呼叫伤员 5s 内完成； ②无反应时，立即用手指掐压人中穴 5s 内完成	4	未操作一项扣 2 分，其中如果某一项有操作动作，但操作不规范扣 1 分，两项操作都不规范扣 2 分； 按人中穴用力过小、过大扣 1 分；方式、方法不正确扣 1 分； 按压位置不正确扣 1 分； 按压人中穴时间短于 3s 扣 1 分； 拍肩用力过小过大扣 1 分； 操作时间超过 10s 扣 2 分； 每一项最多扣 2 分，扣完为止			
		呼救：大叫“来人哪！救命哪！有人触电啦！”	2	未呼救不得分，呼救声音小扣 1 分，操作时间超过 2s 扣 1 分			
2.2	摆好伤员体位（5s）	①使伤员仰卧于硬板床或地上，头、颈、躯干平卧无扭曲，双手放于两侧躯干旁； ②解开上衣，暴露胸部； ③5s 内完成	2	未操作一项扣 1 分，操作不规范一项扣 1 分，操作时间超过 5s 扣 1 分，扣完为止			

续表

序号	项目名称	质量要求	满分	扣分标准	扣分原因	扣分	得分
2.3	通畅气道（5s）	采用仰头抬颏法通畅气道：用一只手置于伤员前额，另一只手的食指与中指置于下颌骨近下颏处，两手协同使头部后仰90°	4	未操作扣4分； 未采用仰头抬颏法通畅气道扣2分； 气道未开放到位，头部后仰不到90°扣1分； 仰头抬颏手法不对，抑头抬颏用力过大扣1分； 操作时间超过3s扣1分，扣完为止			
		迅速清除口腔异物，2s内完成	2	未操作扣2分，未用食指清除扣1分，有动作、但动作不到位扣1分，超时扣1分			
2.4	判断伤员呼吸（10s）	看：看伤员的胸部、腹部有无起伏动作，3～5s完成	2	未操作扣2分，操作时间超过5s或少于3s扣1分，操作不规范扣1分			
		听：用耳贴近伤员的口鼻处，听有无呼气声音，可与“看”同时进行	2	未操作扣2分，操作不规范扣1分，时间少于3s扣1分			
		试：用颜面部的感觉测试口鼻有无呼气气流，也可用毛发等物放在口鼻处测试，3～5s完成	2	未操作扣2分，操作时间超过5s或少于3s扣1分，操作不规范扣1分			
		在观察过程中要求气道始终保持开放位置	2	气道未开放扣2分，开放不到位扣1分			
2.5	口对口人工呼吸2次（5s）	保持气道通畅，用手指捏住伤员鼻翼，连续吹气2次，每次1s以上，5s内完成	8	未用仰头抬颏法或未保持气道通畅，扣2分； 少吹一次气或未吹进气一次扣4分，吹气量不足或过大1次扣2分； 通畅气道方法不正确（抑头抬颏手法、抑头抬颏用力过大、头部后仰不到90°）、未用手指捏住伤员鼻翼、未观察伤员胸部有无起伏、未放松捏鼻翼的手、两次吹气之间间隔时间过短，每项扣1分（最多不超过2分）； 超时扣1分，扣完为止			
2.6	胸前扣击（4s）	手握空心拳，快速垂直击打伤员胸前区胸骨中下段2次，每次1～2s，力量中等	2	未操作扣2分，未手握空心拳、未快速垂直、击打部位不正确、力量过大过小每项扣1分，捶击次数少一次扣1分，捶击时间不符合要求扣1分，扣完为止			
3	现场心肺复苏CPR						
3.1	CPR操作频率	①按压频率为100次/min，每按压30次，时间为16～20s； ②按压与人工呼吸比例：每按压30次后吹气2次（30：2）； ③要求50s内完成2个30：2压吹循环	10	按压频率：一个按压循环30次时间在16～20s，短于16s不短于14s一个循环扣1分，短于14s一个循环扣2分；长于20s不长于22s扣1分，超过22s扣2分； 一个30：2压吹循环比例不正确扣2分；多进行或少进行一个压吹循环扣2分； 扣完为止； 少进行一个循环在相应项目内按压错误30次，未吹进气2次计算			

续表

序号	项目名称	质量要求	满分	扣分标准	扣分原因	扣分	得分
3.2	人工循环（体外按压）	按压位置： ①食指及中指沿伤员肋弓下缘向中间移滑，找到肋骨和胸骨接合处的中点，两手指并齐，中指放在切迹中点（剑突底部），食指平放在胸骨干部，另一只手的掌根紧挨食指上缘，置于胸骨上，即为正确按压位置； ②胸部正中，双乳头之间，胸骨的下半部即为正确的按压位置 按压姿势： ①将定位之手取下，重叠将掌根放于另一手背上，两手手指交叉抬起，使手指脱离胸壁； ②两臂绷直，双肩在伤员胸骨上方正中，靠自身重量垂直向下按压 按压用力方式： ①平稳，有节律，不能间断； ②不能冲击式地猛压； ③下压及向上放松时间相等，下压至按压深度（成人伤员为 3.8～5cm），停顿后全部放松； ④垂直用力向下； ⑤放松时手掌根部不得离开胸壁	20	第一次按压前未进行按压位置查找扣 2 分； 查找按压位置方法不正确扣 1 分； 按压错误一次扣 1 分； 一个循环内按压次数少于 30 次，少一次扣 1 分； 未用左手根部按压、两手未重叠、两手手指未交叉抬起、两臂未绷直、未靠自身重量垂直向下按压、节律未保持平稳有间断、按压有冲击式猛压、下压及向上放松时间不相等、放松时手掌根部离开胸壁，每项一个按压循环扣 1 分（最多不超过 4 分），扣完为止			
3.3	口对口人工呼吸	①保持气道通畅； ②用按于前额一手的拇指与食指捏住伤员鼻翼下端； ③吸一口气后，用自己的嘴唇包住伤员微张的嘴； ④向伤员口中吹气，换气的同时侧头仔细观察伤员胸部有无起伏； ⑤一次吹气完毕后，脱离伤员口部，吸入新鲜空气，同时使伤员的口张开，并放松捏鼻的手； ⑥每个吹气循环需连续吹气两次，5s 内完成； ⑦每次吹气 1s 以上	20	未用仰头抬颏法通畅气道，一次扣 2 分； 未保持气道通畅，一个吹气循环扣 2 分； 少吹一次气或未吹进气一次扣 4 分，吹气量不足或过量一次扣 2 分； 仰头抬颏手法：仰头抬颏用力过大、头部后仰不到 90°、未用手指捏住伤员鼻翼、未观察伤员胸部有无起伏、未放松捏鼻的手、两次吹气之间间隔时间过短或过长、一个循环一项扣 1 分（最多不超过 4 分），扣完为止			
4	抢救过程中的再判定（10s）	①用看、听、试方法对伤员呼吸和心跳是否恢复进行再判定； ②口诉瞳孔、脉搏和呼吸情况	4	有动作，但未到位或方法不对，每一项扣 1 分（最多不超过 2 分），有一项未作扣 2 分，扣完为止			
5	现场提问						
5.1			5				
5.2			5				
6	合计		100		原始总分		

模块2 分 坑 测 量

分坑，是在线路复测工作结束后，由测量人员根据线路塔（杆）基础分坑手册，依据线路杆塔中心桩位置和线路前进方向，利用经纬仪（见图3-13）、花杆（见图3-14）、塔尺、皮尺、钢卷尺、木桩（铁钉）等测量工器具，将设计要求的基础坑口位置确定在杆塔位上，并钉出必要的辅助桩。

图3-13 光学经纬仪

图3-14 花杆

分坑，是输配电线路施工中的测量类工作。测量，是设计者使用必要工器具测绘建筑物或构筑物及其运行环境的数据，或是把设计者的要求在作业现场精确实现的必要手段。测量常用的工器具有经纬仪、测距仪、花杆、塔尺、皮尺、钢卷尺、木桩（铁钉）等。

3.2.1 工作任务和作业条件

1. 工作任务

要求作业人员在选定的操作场地，按照作业程序完成直线铁塔方形基础分坑测量工作。

2. 作业条件及安全工作要求

（1）本项工作为输配电线路施工、维护工作内容之一，要求作业人员能按照作业程序进行操作。

（2）1人操作，2人辅助。

（3）主要工器具及材料：光学经纬仪1台，计算器1个，4m标杆（花杆）3根，皮尺1个，钢卷尺1个，木桩（铁钉）若干，锤子1个，白石灰若干。

（4）现场作业人员应正确穿戴合格的工作服、工作鞋、安全帽和劳保手套。

（5）按工作任务要求选择工器具及材料。

（6）作业人员应具备符合本项作业要求的身体素质和技能水平，精神状态良好。

（7）必要时应在工作区范围设立标示牌或护栏。

（8）在工作中遇有6级以上大风以及雷暴雨、冰雹、大雾、沙尘暴等恶劣天气时，应停止工作。

(9) 作业人员应具备必要的安全生产知识，熟悉《国家电网公司电力安全工作规程（电力线路部分）》相关内容，并经年度考试合格。

3.2.2　作业程序

1. 工器具检查

操作人员应首先检查所需工器具（见图 3-16）质量、数量是否符合要求，应重点检查经纬仪的合格证，确保仪器按时送检且精度符合要求，并对仪器做外观检查，不得有损坏。经纬仪分为光学经纬仪和全站仪（见图 3-15）两种，本项目要求使用光学经纬仪完成。

图 3-15　全站仪

图 3-16　铁塔方形基础分坑工器具

2. 架设经纬仪

(1) 操作人员在线路铁塔中心桩位上架设经纬仪，首先完成对中、调平、置零。“对中”是将仪器中心与中心桩对准，“调平”是将仪器调整水平，“置零”是将仪器读数归零。

(2) 将仪器目镜照准前视方向桩（桩顶铁钉顶面处），并倒镜找出后视方向直线桩（桩顶铁钉顶面处），无误差，证明经纬仪架在线路中心桩上，也是经纬仪的工作基准位置，如图 3-17 所示。将经纬仪水平度盘归零。

3. 确定基础坑口位置

(1) 操作人员将仪器顺时针方向旋转 45°角（见图 3-18），根据线路分坑手册给出的数据，用钢卷尺（若尺寸太大用皮尺）分别量出中心桩到基础坑口对角线顶点的两个距离，确定第一个铁塔基础坑口对角线的两个顶点位置，打入 2 个木桩并钉入铁钉；然后在对角线延长线上 5m 左右（不影响挖坑堆土等后续施工，避免被施工人员碰撞即可）打入辅助桩 1 个。用经过计算和坑口周长相等的细绳（或用皮尺）围着两个对角线顶点桩勾出坑口（细绳可绑扎好记号），并确定坑口另外两个对角线顶点位置，用白石灰画出坑口印记。

(2) 操作人员分好第一个铁塔基坑后，操作经纬仪倒镜，用 (1) 的操作方法，分出第一个基坑对角方

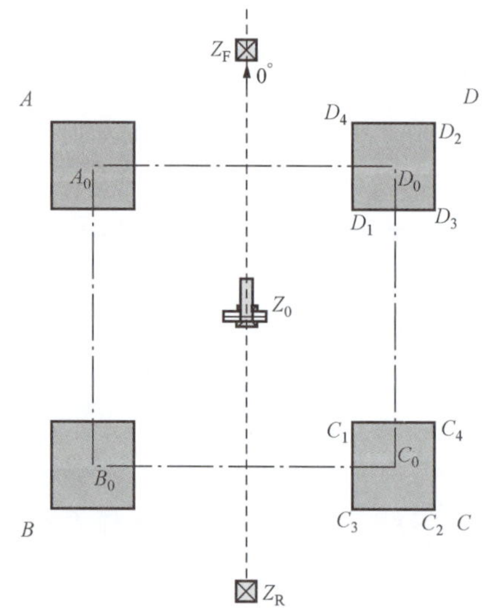

图 3-17　经纬仪工作基准位置

向的另一个基坑，如图 3-19 所示。

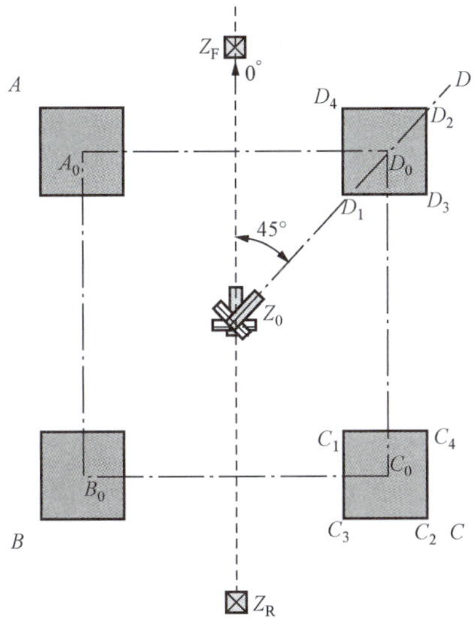

图 3-18 经纬仪右转 45°

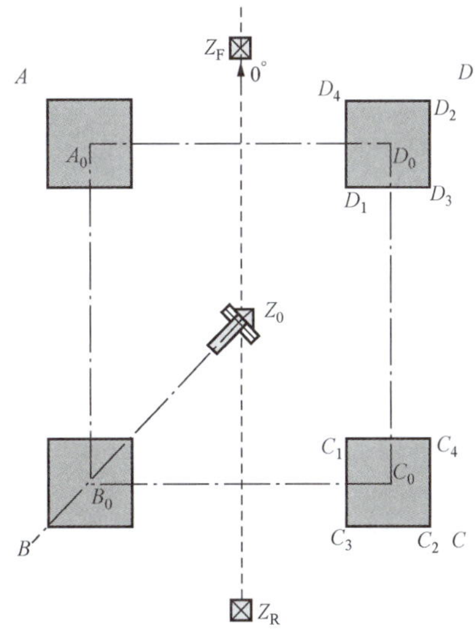

图 3-19 经纬仪倒镜（右）

（3）操作人员分完以上两个基坑后，操作经纬仪重新照准前视方向桩，水平度盘归零，然后逆时针方向旋转 45°（见图 3-20、图 3-21），用同样的操作方法分出剩余的两个基坑。铁塔方形基础坑口位置如图 3-22 所示。

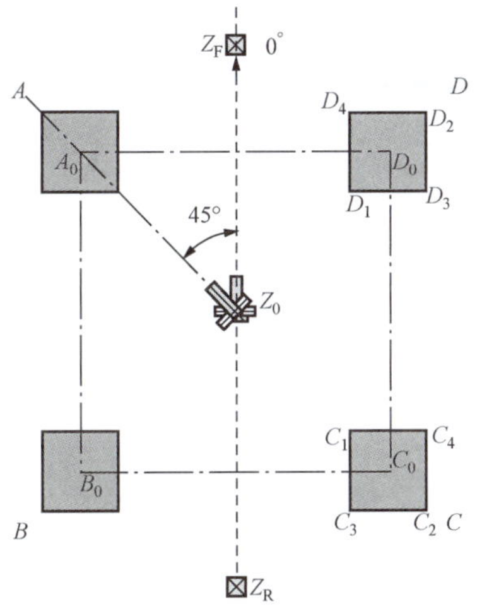

图 3-20 经纬仪左转 45°

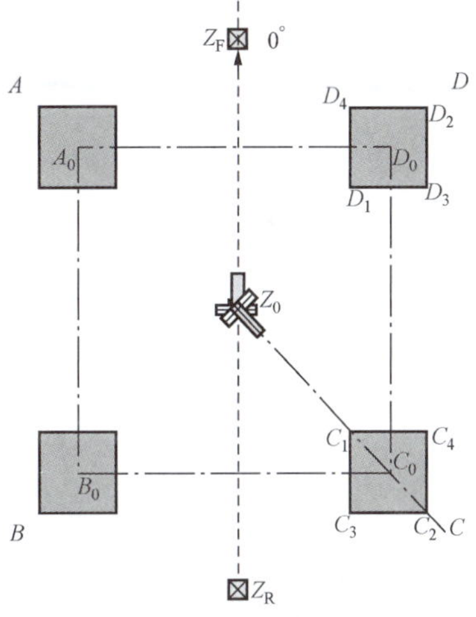

图 3-21 经纬仪倒镜（左）

图 3-22 铁塔方形基础坑口位置

3.2.3 技能考核评分细则（见表 3-3）

表 3-3 **技能考核评分细则**

学号：		姓名：	系部：		班级：		
成绩：		考评员：	考评组长：		日期：		
技能操作模块名称		分坑测量	适用岗位	送电线路架设工、输电线路检修工	考核时限 30min	使用时间	
需要说明的问题和要求		1. 要求1人操作，2人辅助配合 2. 要求着装正确（工作服、工作鞋、安全帽、劳保手套） 3. 工具由操作者自选，在平整的空地操作					
序号	项目名称	质量要求	满分	扣分标准	扣分原因	扣分	得分
1	工具选用						
1.1	个人工具	计算器、皮尺、钢卷尺、木桩、铁钉、锤子	2	漏一项扣2分			
1.2	专用工具	经纬仪、4m标杆（花杆）	2	漏一项扣2分，仪表选错扣5分			
2	作业前准备						
2.1	检查经纬仪	仪器符合要求	3	未做扣3分，后检查扣3分			
2.2	架设好经纬仪	架设方式正确	3	仪器架设方式不正确扣3分			
2.3	对中、调平、置零	仪器中心对准中心桩，仪器水平，调平方式正确，仪器目镜前视前方方向桩，并倒镜检查，仪器水平及垂直度盘归零	10	仪器未对中、调平、置零每项扣5分，调平方式不正确扣5分			
3	分坑作业						
3.1	确定并打入第一个铁塔基坑对角线顶点桩及辅助桩	操作经纬仪顺时针旋转45°，确定第一个铁塔基坑对角线顶点的两个桩位，并在对角线延长线上5m左右打入辅助桩1个，用白石灰画出坑口印记	15	方法不正确扣10分，缺1个桩扣5分，未用白石灰画出坑口印记扣5分			
3.2	分第二个坑	操作经纬仪倒镜，确定并打入反方向铁塔基坑对角线的两个桩位，并在对角线延长线上5m左右各打入辅助桩1个，用白石灰画出坑口印记	10	方法不正确扣10分，缺1个桩扣5分，未用白石灰画出坑口印记扣5分			
3.3	仪器水平度盘归零	将经纬仪的水平度盘归零	5	漏做扣5分			
3.4	分第三个坑	操作经纬仪逆时针旋转45°，确定第三个铁塔基坑对角线顶点的两个桩位，并在对角线延长线上5m左右打入辅助桩1个，用白石灰画出坑口印记	15	方法不正确扣10分，缺1个桩扣5分，未用白石灰画出坑口印记扣5分			
3.5	分第四个坑	操作经纬仪倒镜，确定并打入反方向铁塔基坑对角线的两个桩位，并在对角线延长线上5m左右各打入辅助桩1个，用白石灰画出坑口印记	10	方法不正确扣10分，缺1个桩扣5分，未用白石灰画出坑口印记扣5分			
4	其他要求						
4.1	着装	正确穿戴工作服、工作鞋、劳保手套	5	一项不正确扣2分			
4.2	安全文明生产	符合安全文明施工要求，设置安全围栏及其他标识，现场清理整洁	5	错误一项扣2分			
4.3	完成时间	按规定时间完成	5	超过时间每2min扣1分			
5	现场提问						
5.1			5				
5.2			5				
5	合计		100		原始总分		

模块3 铁塔现浇混凝土基础施工

基础是杆塔的地下部分，承受杆塔及导地线系统传递下来的自重、风荷载、覆冰荷载、施工安装荷载及输配电线路运行中的不平衡张力及事故状态断线张力荷载等，并将其承受的荷载传递给周围的地基土。针对不同的地形、地质、交通运输条件，以及考虑与杆塔型配合的因素，输配电线路的基础种类呈现出多样化特征。铁塔基础的种类非常多，其中现浇混凝土基础是一种主要的基础型式。现浇混凝土基础根据结构不同可分为直柱式、斜柱式等。为技能实训需要，本模块介绍直柱式基础施工。本模块为综合实训技能模块，以小组为单位完成实训和考核。

3.3.1 工作任务、安全要求和作业条件

1. 工作任务

完成铁塔现浇混凝土基础（直柱式）的钢筋绑扎、模板搭设及混凝土试块浇制。

2. 作业条件和安全工作要求

（1）本项工作为输配电线路施工内容之一，要求作业人员按照作业程序操作。

（2）实训小组组成：组长（工作负责人）1人，安全员（兼质量检查）1人，测量人员（基坑操平螺栓找正）1人，模板支撑人员4人，辅助人员若干人。

（3）主要工器具、资料：经纬仪（或水准仪）1台，水准尺1个，铁锹若干个，锥形扳手若干，振捣棒1台，基础安装图1套，照相机1台。

（4）主要材料：基础钢筋（20～22号钢丝若干），地脚螺栓，钢管及配件（搭设作业架用），模板或竹模板（应符合基础尺寸）及水泥、砂、石、水、木桩、铁钉等。

（5）现场作业人员应正确穿戴合格的工作服、工作鞋、安全帽和劳保手套。

（6）按工作任务要求选择工器具及材料。

（7）作业人员应具备符合本项作业要求的身体素质和技能水平，精神状态良好。

（8）必要时应在工作区范围设立标示牌或护栏。

（9）现场作业人员尤其是坑底作业人员应随时观察坑壁状况，防止坑壁垮塌伤人。

（10）搭设作业架、绑扎立柱钢筋和支立模板时，作业人员应注意协调配合。

（11）在工作中遇有6级以上大风以及雷暴雨、冰雹、大雾、沙尘暴等恶劣天气时，应停止工作。

（12）作业人员应具备必要的安全生产知识，熟悉《国家电网公司电力安全工作规程（电力线路部分）》相关内容，并经年度考试合格。

3.3.2 作业程序

作业前，由工作负责人宣读工作票、基础施工安全注意事项，并明确分工。

1. 基坑操平、找正

（1）现场工作前，由测量人员在线路中心桩位上架设好经纬仪，对中、调平。

（2）校核线路中心桩。

（3）校核基坑周围方向桩、辅助桩，应齐全、正确，否则，应立即改正并重新打桩。

（4）校核坑位。测量人员用经纬仪检查基坑位置、深度、标高等，应符合设计要求，否则，应对基坑进行整修，修正基坑位置；清除基坑内浮土、碎石、淤泥，然后按程序进行基础施工工作。

2. 绑扎底板钢筋并支模

(1) 使用经纬仪确定基础底板位置，即在基坑底部组装底板模板。

(2) 校核基础底板对角线。基础底板的对角线与分坑时打入的基坑四角顶点桩（或辅助桩）对角线应相重合，四角均为直角；采用细纤维绳连接顶点桩（或辅助桩）顶铁钉，用垂球校核。

(3) 绑扎底板钢筋。按设计要求绑扎底板钢筋，使用锥形扳手、20～22 号钢丝依序绑扎下板筋、支撑筋和上板筋，分别如图 3-23、图 3-24 所示。用支垫石子或混凝土块的方式调整好钢筋与模板间距。

图 3-23 底板筋

(4) 搭设底板台阶模板。根据设计对底盘和各台阶厚度（标高）要求，依序搭设第一台阶乃至第二、三台阶（若有）模板并校核。浇制混凝土之前，应在模板平整面上涂刷脱模剂（废机油）。

3. 绑扎立柱钢筋并支模

(1) 绑扎立柱钢筋。完成底板钢筋绑扎并支模后，继续绑扎立柱钢筋。立柱钢筋分主筋和箍筋，准备好立柱钢筋材料后，在基坑附近地面使用锥形扳手、20～22 号钢丝按设计要求尺寸进行绑扎。

(2) 下立柱钢筋。将绑扎好的立柱钢筋吊入基坑，其下部置于底板钢筋上，并调整至合适位置，如图 3-25 所示。

图 3-24 下板筋、支撑筋、上板筋

图 3-25 下立柱钢筋

(3) 组装并固定立柱模板。组装模板前，平整面上应涂脱模剂；按设计要求将立柱模板组装为 4 片，可在地面组装，也可直接在立柱钢筋外组装；用钢管搭设立柱模板作业架，并将立柱模板组装完毕，依靠作业架固定起来，如图 3-26 所示。

(4) 校正立柱模板位置。立柱模板对角线与分坑时打入的基坑四角顶点桩（或辅助桩）对角线应相重合，四角均为直角；采用细纤维绳连接顶点桩（或辅助桩）顶铁钉，用垂球校核；校正立柱模板位置，检查并处理模板接缝，防止漏浆；用支垫石子或混凝土块的方式调整好钢筋与模板间距。

4. 固定地脚螺栓

(1) 安装地脚螺栓。除去地脚螺栓浮锈，将地脚螺栓安装在十字架或其他辅助工具上，根据设计要求的尺寸调整好地脚螺栓间距。将安装在十字架上的地脚螺栓放入立柱钢筋笼，十字架置于立柱模板上沿。

图 3-26 立柱模板

(2) 找正并固定地脚螺栓，如图 3-27 所示。地脚螺栓对角线与分坑时打入的基坑四角顶点桩（或辅助桩）对角线应相重合，地脚螺栓连线四角均为直角；采用细纤维绳连接顶点桩（或辅助桩）顶铁钉，用垂球校核并找正地脚螺栓；地脚螺栓找正时也可依据事先打好井字桩（是辅助桩，井字桩应牢固，并且各桩顶应在同一平面，井字线应拉紧，并用经纬仪再次操平，保证地脚螺栓几何尺寸完全符合设计要求），在井字桩之间用细纤维绳拉成井字，用井字线将地脚螺栓及基础模板找正，使跟开、对角线及地脚螺栓之间的尺寸符合设计要求。用钢丝或卡具将十字架固定在立柱模板上，因固定地脚螺栓可能会导致立柱模板位移，应用垂球复核立柱模板和地脚螺栓位置。

5. 浇制混凝土试块

钢筋绑扎并支模后，若需进行现场浇制，则用人工或搅拌机将水泥、砂、石、水按调整好的配合比（在设计要求的配合比基础上，根据现场使用的水泥、砂、石、水进行调整）下料，搅拌均匀（使用搅拌机需按规定的搅拌时间）后开始混凝土浇筑，每浇筑一层，认真捣震一次，防止出现蜂窝、麻面、露筋现象。

根据规程要求，浇筑中按浇筑方量，直线塔每 5 基取混凝土试块 1 组，转角塔每 1 基取混凝土试块 1 组。在试块模板盒内表面涂刷脱模剂，将搅拌好的混凝土浇入模板盒内，用灰刀进行适当插捣，用灰刀抹平完成混凝土试块浇制。试块的养护应符合《钢筋混凝土工程施工及验收规范》，养护期结束后送压力试验室进行混凝土强度检测。

质量检查员应对现场浇筑工作从始到终全方位监督，对基础钢筋绑扎情况，水泥、砂、石、水的比例、搅拌、浇制情况，拆除模板后的基础情况进行质量检查，并对拆除模板后的基础情况进行拍照备查，如图 3-28 所示。

图 3-27 固定地脚螺栓

图 3-28 拆模后的基础

养护期结束后，依序拆除模板，按照施工及验收规范的要求用土回填基坑并分层夯实。

3.3.3 危险点辨识及控制措施

（1）危险点一：作业过程中，高处坠物伤人。

控制措施：作业人员的工具及零星材料应装入工具袋，防止坠物；安全员及现场作业人员均应观察坑壁状况，防止坑壁垮塌伤人；作业人员应正确穿戴安全帽，防止坠物伤人。

（2）危险点二：损坏地脚螺栓，影响组塔。

控制措施：铁塔现浇混凝土基础施工前，应用遮盖物保护地脚螺栓，以免螺栓损坏影响组塔。

3.3.4 技能考核评分细则（见表 3-4）

表 3-4

技能考核评分细则

学号：	姓名：	系部：	班级：
成绩：	考评员：	考评组长：	日期：

技能操作模块名称	铁塔现浇混凝土基础施工	适用岗位	送电线路架设工、输电线路检修工	考核时限	360min	使用时间	
需要说明的问题和要求	1. 以实训小组为单位操作，组长 1 人，安全员（兼质量检查）1 人，测量人员 1 人，模板支撑人员 4 人，辅工 3 人						
	2. 要求着装正确（工作服、工作鞋、安全帽、劳保手套）						
	3. 在线路实训基地操作（基坑已开挖），工具由操作者自选						

序号	项目名称	质量要求	满分	扣分标准	扣分原因	扣分	得分
1	工具选用						
1.1	个人工具	铁锹、锥形扳手、灰刀	2	漏一项扣 2 分			
1.2	专用工具	照相机、经纬仪（或水准仪）、水准尺、震捣棒、基础安装图 1 套	5	漏一项扣 2 分，经纬仪选错扣 5 分			
1.3	材料	钢筋、钢管及配件、地脚螺栓、模板、水泥、砂、石、水、木桩等	3	漏一项扣 3 分			
2	基坑操平、找正						
2.1	检查经纬仪	仪器是否正常	3	未做扣 3 分，后检查扣 3 分			
2.2	架设经纬仪	架设位置正确	5	位置不正确扣 5 分			
2.3	对中调平	经纬仪中心对准中心桩，仪器水平，调平方式正确	5	未对中、调平一项扣 5 分，方式不正确扣 5 分			
2.4	校核线路各桩位	校核线路中心桩、基坑周围方向桩、辅助桩齐全、正确，否则，应立即改正、补钉	10	未校核扣 10 分，漏一项扣 5 分			
2.5	操平基坑	测量人员用经纬仪检查基坑位置、深度、标高等，应符合设计要求。否则，应更正基坑位置、对基坑进行修理，并清除基坑内浮土、碎石、淤泥后方可开始进行基础浇制工作	15	未观测总成绩记 0 分，漏一项扣 5 分			
3	基础施工安装						
3.1	绑扎底板钢筋并支模	底板钢筋绑扎牢固，底板模板位置正确	10	不牢固一处扣 2 分，未校核本模块考核不合格			
3.2	绑扎立柱钢筋并支模	立柱钢筋绑扎牢固，立柱模板位置正确，立柱模板固定牢固	15	不牢固一处扣 2 分，未校核本模块考核不合格			
3.3	固定地脚螺栓	地脚螺栓绑扎牢固，地脚螺栓位置正确	10	不牢固一处扣 2 分，未校核本模块考核不合格			
3.4	浇制试块	试块进行插捣，经压力试验试块强度符合设计要求	10	未插捣扣 5 分，试块强度不符合要求扣 10 分			
4	其他要求						
4.1	着装	正确穿戴安全帽、工作服、工作鞋、劳保手套	2	一项不正确扣 2 分			
4.2	安全文明生产	符合安全文明施工要求，设置安全围栏及其他标识，现场清理整洁	2	错误一项扣 2 分			
4.3	完成时间	按规定时间完成	3	超过时间每 2min 扣 1 分			
5	合计		100		原始总分		

模块4 内拉线抱杆分解组立铁塔

铁塔组立方法包括分解组立（见图3-29）和整体组立两大类，其中分解组立可分为分件组装（小抱杆分件组装）、分片组立、分段组立（内抱杆外拉线单吊组立）。铁塔组立具体方法可根据施工现场、施工工器具、工作人员配备等情况确定。

内拉线抱杆分解组立铁塔的过程中，抱杆顶用四根上拉线固定，上拉线的另一端固定于已经组立好的塔段的主材节点上，抱杆根通常用V型或四下拉承托；抱杆顶上布置的滑车的数量为单滑车或双滑车，由此将内拉线抱杆组塔施工分为单吊法、双吊法。本方法的优点是组塔工具较外拉线抱杆组塔少、更加简单，组塔过程中由于抱杆的固定方式使得四个腿基础均匀受力，此方法不受地形限制；缺点是高处作业量大，不适宜酒杯塔等大塔头塔型。

本模块为综合实训项目，以小组为单位完成实训和考核。

3.4.1 工作任务和作业条件

1. 工作任务

完成内拉线抱杆分解组立直线铁塔塔腿段及塔腿上段施工。

2. 作业条件及安全工作要求

（1）本项工作为输配电线路施工内容之一，要求作业人员按照作业程序操作。

（2）实训小组人员组成：组长（工作负责人）1人，安全员1人，现场指挥人员1人（兼看图纸），高处作业人员4～8人（轮换塔上作业），配材料人员1人，辅助人员4人。

（3）主要工器具、资料：经纬仪（或水准仪）1台，活络扳手5把，锥形扳手（见图3-30）5把，圆锉1把，钢锯1把，人字木抱杆1套，铝合金抱杆（见图3-31）1副，滑轮组1套（带牵引绳），绞磨（见图3-32）1台，各级钢丝绳（含钢丝绳套）若干，麻绳若干，铁棒桩（见图3-33，或钢钎）6根，铁锤（二锤）2把，冲锤1把，铁滑车1个，直线型铁塔塔腿段及塔腿上段塔材（含螺栓）、铁塔组装图。

图3-29 分解组立铁塔

图3-30 锥形扳手、U型环

（4）现场作业人员应正确穿戴合格的工作服、工作鞋、安全帽和劳保手套。

（5）按工作任务要求选择工器具及材料。

（6）作业人员应具备符合本项作业要求的身体素质和技能水平，精神状态良好。

（7）必要时应在工作区范围设立标示牌或护栏。

图3-31 铝合金抱杆

图3-32 绞磨—盘磨绳

(8) 登杆塔前，应认真核对停电线路名称、杆号，看是否与工作票及派工单（作业任务单）上相符。

(9) 登塔时作业人员的手应抓住主材，塔上作业及转位时不得失去安全带的保护。

(10) 杆塔上作业所需的工器具及材料，必须使用绳索传递，不得抛掷；在使用吊绳上下传递物件时，吊绳的两端应分别在操作者的两侧，以免吊绳在使用过程中发生缠绕。

(11) 抱杆上、下拉线，临时拉线，控制绳（风绳）应搭设牢固，作业时应听从指挥、协调统一。

(12) 在工作中遇有6级以上大风以及雷暴雨、冰雹、大雾、沙尘暴等恶劣天气时，应停止工作。

(13) 作业人员应具备必要的安全生产知识，熟悉《国家电网公司电力安全工作规程（电力线路部分）》相关内容，并经年度考试合格。

图3-33 打入铁棒桩

3. 现场铁塔组装前

(1) 工作负责人宣读工作票、铁塔组立安全注意事项、并明确分工。

(2) 对塔材的规格型号、数量、件号与图纸仔细对照，并按号排放整齐，螺栓按型号大小堆放。

(3) 铁塔组立前应对塔基再次操平，4个基面不平时，应按最高的基面为准，将较低基面用水泥沙浆抹平（若是转角塔应注意预偏），并应保证地脚螺栓露出的高度，保证塔脚板与基础面接触良好。

3.4.2 作业程序

1. 竖立铝合金抱杆

采用倒落式人字木抱杆竖立铝合金抱杆，如图3-34所示。

(1) 施工现场布置。现场布置主牵引地锚、制动绳地锚、上拉线及承托绳地锚，可现场打入铁棒桩或预埋地锚。主牵引地锚布置：①主牵引地锚与铝合金抱杆底座的距离为铝合金抱杆高的1.5倍；②主牵引绳与地面夹角一般不大于30°。制动绳地锚布置：制动锚坑与基坑的距离为抱杆高的1.5倍。上拉线及承托绳地锚布置：①上拉线地锚夹角90°均布；②承托绳地锚与上拉线地锚在同一角度线上，长度不短于10m。

在施工现场布置倒落式人字木抱杆前，应检查主牵引地锚、制动绳地锚、上拉线及承托绳地锚位置是否合适，检查地锚打设是否牢固。

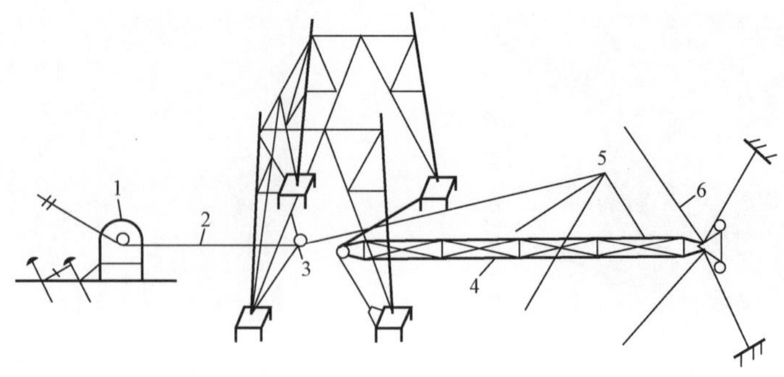

图 3-34 倒落式人字木抱杆竖立铝合金抱杆示意图

1—绞磨；2—起吊绳；3—地滑车；4—铝合金抱杆；5—小木人字抱杆；6—控制绳

按施工方案设计要求布置倒落式人字木抱杆：

1）木质人字抱杆的高度及梢径为 ϕ140mm×9m×2 根，抱杆的根开是 3m，抱杆对地面的初始夹角 60°～70°，抱杆的头部用 ϕ10mm 钢丝绳绑扎牢固，并加两个 5t 的斜扣挂铁滑车。

人字木抱杆受力体系四点一直线，即主牵引地锚中心、铝合金抱杆中心线、制动地锚中心、人字抱杆顶在同一条直线上，严禁偏移，以保证在起吊过程中受力均匀。

2）人字木抱杆根坐落点位置为铝合金抱杆重心高度的 40%，人字木抱杆根坐落点离铝合金抱杆底座 3.6m。

3）布置吊点：①17m 的铝合金抱杆选两吊点，从抱杆顶下来 3m 是第一吊点，从抱顶量下来 9m 是第二吊点；②两吊点的合力作用点，一般在铝合金抱杆重心 1.1～1.5 倍处。

4）布置临时拉线（风绳）：①风绳地锚位置为铝合金抱杆高的 1.2～1.5；②风绳拴的位置在铝合金抱杆顶下 2.5～3.0m；③风绳与中心线（即人字木抱杆受力体系四点一直线）夹角为 120°。

（2）竖立铝合金抱杆。组装铝合金抱杆，连接上拉线和下拉线（承托绳）。竖立铝合金抱杆前，检查涉及倒落式人字木抱杆起立全套工器具布置，应满足施工设计要求，否则，及时调整。做好施工准备后，开始竖立铝合金抱杆。

1）用绞磨（或人力）牵引起立铝合金抱杆，当铝合金抱杆头部离开地面 1m 时，应停止起吊，检查各部受力情况，安排 1 人站在铝合金抱杆头部上下用力抖动做冲击试验。

2）铝合金抱杆起立到 40°～50°时，应检查抱杆底座是否移位，如有偏斜应及时调正。

3）人字抱杆快失效时，工作负责人应先发信号提醒现场作业人员，减缓牵引速度，待人字木抱杆失效后，继续牵引带动失效的两根抱杆随牵引绳而动。注意各部受力情况有无异常。

4）铝合金抱杆起立到 70°以上时，要放慢牵引速度，工作负责人指挥专人将后侧备用风绳拴在制动锚上，听命令随主牵引缓缓放出，防止铝合金抱杆向牵引侧倾斜。

5）铝合金抱杆起立到 80°时停止牵引，依靠作业人员体重压牵引绳立正抱杆。

6）铝合金抱杆立正后，用经纬仪或吊垂检查，并及时固定好上拉线。

7）通过上拉线及承托绳调整铝合金抱杆至四腿基础的中心位置。

8）铝合金抱杆固定好后，方可拆除主牵引绳、木抱杆、风绳、临时锚桩等。

2. 分解组立铁塔

（1）分解组立塔腿段。作业人员用人力组装塔腿段，如图 3-35 所示。

1）先将 4 个塔脚安装到基础地脚螺栓上，地脚螺栓不必紧固太紧，待塔腿段组好后，再进行紧固。将铁塔四面主材分别通过包钢用螺栓连接，并用铁塔连板连接好横、斜塔材，固定好螺栓。

2）铁塔靠地面第一段组立工作完成后，4名高处作业人员（塔上作业人员）带活络扳手、锥形扳手、小绳等工具分别蹬在铁塔的4角主材上，地面辅助人员用传递绳将组塔用螺栓送至塔上作业人员。

四角主材也可用铝合金抱杆吊装。要求现场作业人员听从指挥，密切协作，拧紧螺栓。塔上作业人员在作业及转位过程中不得失去安全带的保护。

（2）调整铝合金抱杆上拉线。用临时拉线将抱杆顶固定在上拉线地锚上，拆除上拉线，并将其固定在已组立好的塔腿段上主材K型节点上。上拉线受力均匀，上拉线与金属接触处衬垫麻袋片。

（3）分解吊装塔腿上段。如图3-36所示，用绞磨、铝合金抱杆分角或分片吊装塔材。

图3-35 人力组装塔腿

图3-36 分解吊装塔腿上段

1）现场作业人员听从指挥，密切协作，拧紧螺栓。

2）塔上作业人员在作业及转位过程中不得失去安全带的保护。

3）吊装过程中铝合金抱杆最大倾斜角不得大于5°。

4）起吊重量的最大限制，以施工计算中的最大重量来控制起吊重量。

5）起吊塔材过程中，控制绳（风绳）控制对地夹角不得大于60°，起吊塔材不得与已组装塔段碰撞。

3. 提升抱杆

（1）安装腰环。在塔腿上段上口面安装1个腰环（见图3-37），抱杆顶固定四方临时拉线。腰环四面钢丝绳长度均衡、受力均匀。抱杆顶临时拉线下端绕在上拉线地锚钢环上，适当收紧。作业人员不得失去安全带的保护。

（2）调整承托绳。将承托绳从地锚上拆下，固定在塔腿段上口K型节点上。

（3）布置提升抱杆系统。在塔腿上段上口水平材上固定提升抱杆用钢丝绳及起重滑车，钢丝绳穿过地滑车到绞磨。滑车固定牢固，钢丝绳不得与塔材摩擦。

图3-37 腰环

（4）提升抱杆。松出上拉线，启动绞磨使钢丝绳受力提升抱杆，同时松出抱杆顶临时拉线，直至抱杆根离开地面 1m。控制抱杆顶临时拉线的作业人员密切配合，同步缓松，受力均匀，防止抱杆向某一侧倾斜。

（5）上拉线、承托绳设置。上拉线固定在塔腿上段上口主材 K 型节点上，承托绳固定在塔腿段上口主材 K 型节点上。

1）上拉线、承托绳受力均匀，上拉线、承托绳与金属接触衬垫软物。

2）上拉线绑扎点在主材 K 型节点下方，承托绳绑扎点在主材 K 型节点上方，如图 3-38 所示。

图 3-38 下拉线（承托绳）

（6）拆除塔材及工器具。按上述相反顺序拆除工器具及塔材。顺序正确，动作安全，严禁抛掷塔材及工器具。

3.4.3 危险点辨识及控制措施

（1）危险点一：塔上作业及转位过程中，高处坠落。

控制措施：

1）塔上作业人员在作业及转位过程中不得失去安全带的保护。

2）塔上人员移动位置时，必须站在连接、紧固好的塔材构件上操作。

3）加强作业过程的监护。

（2）危险点二：作业过程中，高处坠物伤人。

控制措施：

1）塔上作业人员避免工具、塔材、螺栓等坠落。

2）主材通过抱杆吊上塔后，高空组装人员通过控制绳将主材慢慢调整到安装位置，使上段主材和包钢连接固定好螺栓后，地面人员才能慢慢松绳。

3）第一段塔材组装完毕后，螺栓未紧固前，不得进行下一段的吊装工作。

4）塔材需扩孔、切角时（扩孔、切角后应刷灰漆），应放在地面进行。

5）起吊时，吊件下方、牵引绳内角严禁站人。起吊主材时，注意抱杆受力变化或抱杆转向。

6）提升抱杆时四角操作人员应听从指挥、密切配合，到位后固定锁好。

7）加强作业过程的监护。

3.4.4 技能考核评分细则（见表 3-5）

表 3-5

技能考核评分细则

<table>
<tr><td colspan="2">学号：</td><td>姓名：</td><td colspan="2">系部：</td><td colspan="3">班级：</td></tr>
<tr><td colspan="2">成绩：</td><td>考评员：</td><td colspan="2">考评组长：</td><td colspan="3">日期：</td></tr>
<tr><td colspan="2">技能操作模块名称</td><td>内拉线抱杆分解组立铁塔</td><td>适用岗位</td><td>送电线路架设工，输电线路检修工</td><td>考核时间 240min</td><td colspan="2">使用时间</td></tr>
<tr><td colspan="2" rowspan="5">需要说明的问题和要求</td><td colspan="6">1. 完成组塔施工现场布置，用倒落式人字抱杆竖立 0.3m×0.3m×17m 铝合金抱杆，组立铁塔塔腿段及塔腿上段</td></tr>
<tr><td colspan="6">2. 工作内容：工器具的准备，查安全措施，技术交底，人员分工，现场布置及操作</td></tr>
<tr><td colspan="6">3. 工作职责分工后，要求到达工作位置进行准备</td></tr>
<tr><td colspan="6">4. 制动绳、牵引绳、承托绳、拉线所用的地锚规格埋深 1.6m，或用相应桩锚代替</td></tr>
<tr><td colspan="6">5. 工器具：0.3m×0.3m×17m 铝合金抱杆、3t 绞磨、铁棒桩、ϕ140mm×9m×2 木抱杆、各级钢丝绳（ϕ11m 拉线、ϕ15m 承托、ϕ15m 牵引绳）、麻绳、二锤、皮尺、铁锹、铁棒桩（钢钎）、3t 铁滑车、钢丝套、冲锤、常用工具等</td></tr>
<tr><td>序号</td><td>项目名称</td><td>质量要求</td><td>满分</td><td>扣分标准</td><td>扣分原因</td><td>扣分</td><td>得分</td></tr>
<tr><td>1</td><td>工作前准备</td><td></td><td></td><td></td><td></td><td></td><td></td></tr>
<tr><td>1.1</td><td>配置工器具</td><td>①合理配置工器具；
②工器具无损伤，满足施工要求</td><td>2</td><td>漏、错检查一项扣 1 分，错误一项扣 1 分</td><td></td><td></td><td></td></tr>
<tr><td>1.2</td><td>施工方案</td><td>①组织制定施工方案；
②工作内容正确</td><td>6</td><td>漏、错检查一项扣 2 分，错误一项扣 2 分</td><td></td><td></td><td></td></tr>
<tr><td>1.3</td><td>施工人员任务、职责</td><td>分工明确，责任到人，统一信号，密切配合</td><td>2</td><td>漏、错检查一项扣 1 分，错误一项扣 1 分</td><td></td><td></td><td></td></tr>
<tr><td>2</td><td>竖立铝合金抱杆</td><td></td><td></td><td></td><td></td><td></td><td></td></tr>
<tr><td>2.1</td><td>施工现场布置</td><td></td><td></td><td></td><td></td><td></td><td></td></tr>
<tr><td>2.1.1</td><td>竖立抱杆受力体系四点一直线</td><td>主牵引地锚中心、铝合金抱杆中心线、制动地锚中心、人字抱杆顶在同一条直线上</td><td>2</td><td>错误一项扣 2 分</td><td></td><td></td><td></td></tr>
<tr><td>2.1.2</td><td>主牵引地锚布置</td><td>①主牵引地锚与铝合金抱杆底座的距离为铝合金抱杆高的 1.5 倍；
②主牵引绳与地面夹角一般不大于 30°</td><td>2</td><td>错误一项扣 2 分</td><td></td><td></td><td></td></tr>
<tr><td>2.1.3</td><td>制动绳地锚布置</td><td>制动锚坑与基坑的距离为抱杆高的 1.5 倍</td><td>2</td><td>错误一项扣 2 分</td><td></td><td></td><td></td></tr>
<tr><td>2.1.4</td><td>上拉线及承托绳地锚布置</td><td>①上拉线地锚夹角 90°均布；
②承托绳地锚与上拉线地锚在同一角度线上，长度不短于 10m</td><td>2</td><td>错误一项扣 2 分</td><td></td><td></td><td></td></tr>
<tr><td>2.1.5</td><td>木质人字抱杆布置</td><td>抱杆的根开是 3m，抱杆对地面的初始夹角 60°～70°</td><td>2</td><td>错误一项扣 2 分</td><td></td><td></td><td></td></tr>
</table>

续表

序号	项目名称	质 量 要 求	满分	扣 分 标 准	扣分原因	扣分	得分
2.1.6	人字抱杆座位	人字抱杆座位离铝合金抱杆底座 3.6m	2	错误一项扣 2 分			
2.1.7	吊点选择	从抱杆顶下来 3m 是第一吊点，从抱顶量下来 9m 是第二吊点	2	错误一项扣 2 分			
2.1.8	风绳布置	①风绳地锚位置为铝合金抱杆高的 1.2～1.5m； ②风绳拴的位置在铝合金抱杆顶下 2.5～3.0m； ③风绳与中心线夹角为 120°	1	错误一项扣 1 分			
2.2	竖立铝合金抱杆						
2.2.1	竖立铝合金抱杆准备	按施工要求布置作业人员，锚固承托绳	2	错误一项扣 2 分			
2.2.2	竖立铝合金抱杆前检查	应该根据施工技术措施，按竖立抱杆施工现场的布置检查工器具及其布置，应符合施工要求	2	错误一项扣 2 分			
2.2.3	指挥竖立铝合金立杆	①当铝合金抱杆头部离开地面 1m 时，应停止起吊，检查各部受力情况及做冲击试验； ②铝合金抱杆起立到 40°～50°时，应检查抱杆底座是否移位，若偏斜应调正； ③人字抱杆失效前后应减缓牵引，注意各部受力情况有无异常； ④铝合金抱杆起立到 70°以上时要放慢牵引速度，后侧备用风绳拴在制动锚上，听命令缓缓放出； ⑤铝合金抱杆起立到 80°时停止牵引，依靠作业人员体重压牵引绳立正抱杆	8	每单项中错误一项扣 2 分			
2.2.4	铝合金抱杆竖立后的拉线设置	①铝合金抱杆立正后，用吊垂检查，并及时固定好上拉线； ②通过上拉线及承托绳调整铝合金抱杆至四腿基础的中心位置	3	错误一项扣 1 分			
3	分解组立铁塔						
3.1	分解组立塔腿段	用人力组装塔腿段	5	螺栓不紧 1 处扣 1 分，塔上作业人员失去安全带保护终止操作			
3.2	调整铝合金抱杆上拉线	用临时拉线将抱杆顶固定在上拉线地锚上，拆除上拉线，并将其固定在已组立好的塔腿段上主材 K 型节点上。上拉线受力均匀，上拉线与金属接触处衬垫麻袋片	5	错误一项扣 5 分			

续表

序号	项目名称	质量要求	满分	扣分标准	扣分原因	扣分	得分
3.3	分解吊装塔腿上段	①现场作业人员听从指挥，密切协作，拧紧螺栓； ②塔上作业人员在作业及转位过程中不得失去安全带的保护； ③吊装过程中铝合金抱杆最大倾斜角不得大于5°； ④起吊塔材过程中，风绳控制对地夹角不得大于60°，起吊塔材不得与已组装塔段碰撞	20	螺栓一处不紧扣1分，塔上作业人员失去安全带保护终止操作，其他错误一项扣5分			
4	提升抱杆						
4.1	安装腰环	在塔腿上段上口面安装1个腰环，抱杆顶固定四方临时拉线。腰环四面钢丝绳长度均衡、受力均匀。抱杆顶临时拉线下端绕在上拉线地锚钢环上，适当收紧	5	错误一项扣2分，塔上作业人员失去安全带保护终止操作			
4.2	调整承托绳	将承托绳从地锚上拆下，固定在塔腿段上口K型节点上	2	错误一项扣2分			
4.3	布置提升抱杆系统	在塔腿上段上口水平材上固定提升抱杆用钢丝绳及起重滑车，钢丝绳穿过地滑车到绞磨。滑车固定牢固，钢丝绳不得与塔材摩擦	3	错误一项扣3分			
4.4	提升抱杆	松出上拉线，启动绞磨使钢丝绳受力提升抱杆，同时松出抱杆顶临时拉线，直至抱杆根离开地面1m。控制抱杆顶临时拉线的作业人员密切配合，同步缓松，受力均匀，防止抱杆向某一侧倾斜	5	错误一项扣5分			
4.5	上拉线、承托绳设置	①上拉线、承托绳受力均匀，上拉线、承托绳与金属接触衬垫软物； ②上拉线绑扎点在主材K型节点下方，承托绳绑扎点在主材K型节点上方	3	错误一项扣1分			
4.6	拆除塔材及工器具	按上述相反顺序拆除工器具及塔材，顺序正确，动作安全，严禁抛掷塔材及工器具	2	顺序措扣5分，抛掷物品一次扣5分，动作不安全终止操作			
5	其他要求						
5.1	着装	正确穿戴工作服、工作鞋、安全带、劳保手套	4	一项不正确扣2分			
5.2	安全文明生产	符合安全文明施工要求，设置安全围栏及其他标识，现场清理整洁	4	错误一项扣2分			
5.3	完成时间	按规定时间完成	2	超过时间每2min扣1分			
6	合计		100		原始总分		

模块 5 测量铁塔接地装置接地电阻

测量铁塔接地装置接地电阻的工作，是每个线路作业人员特别是运行人员必须掌握的一项基本技能。运行人员在测量作业时，不按照标准化作业要求进行作业时有发生，从而造成测量的结果不准确，甚至发生人身伤亡事故。如果接地电阻超过设计值，当线路遭到雷击时，雷电流泄放入大地的效果不好，在杆塔上产生较高的电位，严重情况时会出现杆塔对导线反向击穿放电（见图 3-39），导致“反击”的发生，从而使线路设备遭到损坏。为了确保线路的安全运行，准确地对线路杆塔接地装置的接地电阻进行测量，及时对接地电阻不合格的杆塔接地装置进行整治，是线路运行人员的责任。

图 3-39 反向击穿放电

3.5.1 工作任务、安全要求和作业条件

1. 工作任务

使用 ZC-8 型地阻仪测量铁塔接地装置接地电阻，要求 1 人独立完成。

2. 作业条件及安全工作要求

（1）本项工作是输配电线路施工、运行及维护工作内容之一，要求作业人员按照作业程序操作。

（2）1 人操作，1 人辅助，1 人监护。

（3）现场作业人员应正确穿戴合格的工作服、工作鞋、安全帽和劳保手套。

（4）按工作任务要求选择工器具及材料。

（5）作业人员应具备符合本项作业要求的身体素质和技能水平，精神状态良好。

（6）必要时应在工作区范围设立标示牌或护栏。

（7）在拆卸和恢复接地装置时，操作人员必须戴绝缘手套。

（8）操作人员应爱护地阻仪，不得摔跌，必须轻拿轻放。

（9）中雨天气后或土壤比较潮湿的情况不安排测试；在工作中遇有 6 级以上大风以及雷暴雨、冰雹、大雾、沙尘暴等恶劣天气时，应停止工作。

（10）作业人员应具备必要的安全生产知识，熟悉《国家电网公司电力安全工作规程（电力线路部分）》相关内容，并经年度考试合格。

3.5.2 作业程序

1. 工具

（1）个人工具：钢丝钳、活络扳手两把。

（2）专用工具：ZC-8 型地阻仪全套、锹头、绝缘手套，如图 3-40、图 3-41 所示。

2. 测量前准备

（1）检查地阻仪的电气零位、机械零位和灵敏度。

1）仪器电气零位检查。测量前，应对仪器进行电气零位检查，以发现仪器的内部电路是否正确。检查时用短接线把 P1、P2、C1、C2 四个端子短接，滑线电阻指针调至“0”位，量程转换置于“×1”或“×10”档，此时摇动地阻仪手柄，指针应该指“0”位。若不指

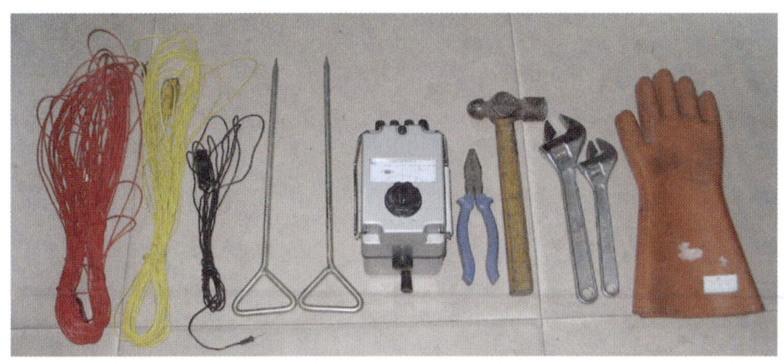

图3-40　接地电阻测量工器具

“0”，则此地阻仪应送修。

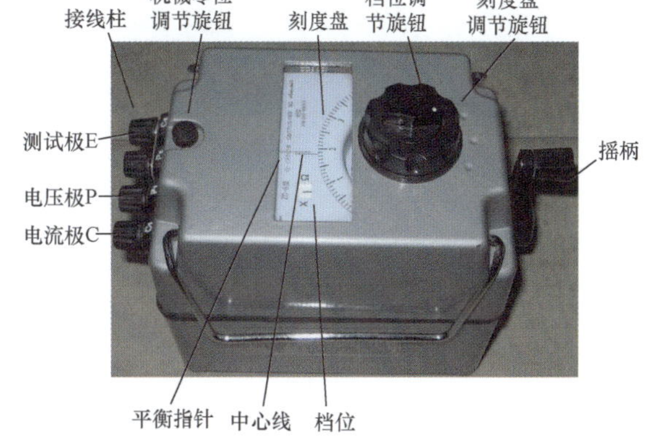

图3-41　ZC-8型地阻仪

2）仪器灵敏度检查。检查时用短接线把P1、P2、C1、C2四个端子短接，滑线电阻指针调至“1”Ω位置，量程转换置于“×0.1”档，摇动测试仪手柄，若指针偏离“0”位4小格以上，则此仪器灵敏度合格。反之，则不合格，应送检。

3）机械零位调整。测量时，将仪器水平放置在平地上，然后调整检流计的机械零位微调旋钮，使检流计的指针指在零位位置，如图3-42所示。

（2）检查测试线和测试棒：线体、测试线两端的鳄鱼夹、接线叉、测试棒需完好，各连接处牢固、紧密。

3. 测试地阻

（1）地阻仪选位：地面平整、摇测时，地阻仪不会簸动，且位置对同一基塔的多个测试点均可实现方便测量。

（2）施放测试线：横线路方向，C（电流测试线40m）、P（电压测试线20m）线相距大于1m（平行不得交叉），如图3-43所示。

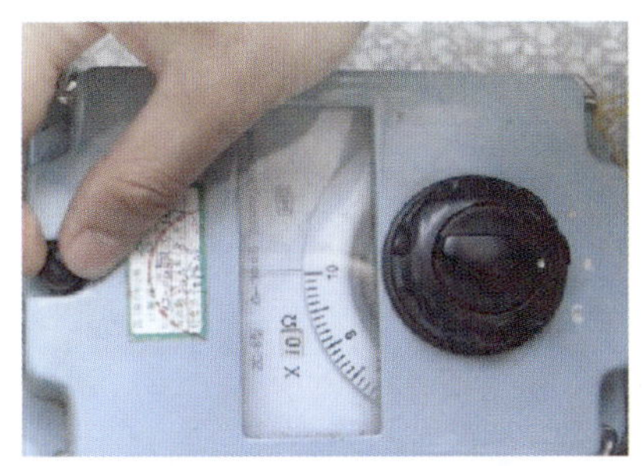

图3-42　机械零位调整

图3-43　施放测试线

（3）打入测试棒：打入地深度大于0.6m，并打磨接触点。

（4）连接测试线：打磨接触点；C、P、E及各连接点正确、接触良好（C1连接C线，P1连接P线，P2、C2短接后连接E线，E线另一端头连接被测试物体），如图3-44所示。

（5）拆卸接地引下线：戴绝缘手套、一次拆卸完所有接地引下线并打磨接触点，将 E 线端头鳄鱼夹装在一个接地引下线端头上，接触良好。

（6）设置档位：从最大档开始。

（7）旋转读数盘：从最大读数处开始。

（8）旋转摇柄：①由慢到快；②直至达 120r/min；③持续 5s 以上。摇测时，作业人员蹲于地阻仪手柄侧，左手掌根压在地阻仪一角，手指控制刻度盘及档位旋钮，右手转动手柄，如图 3-45 所示。

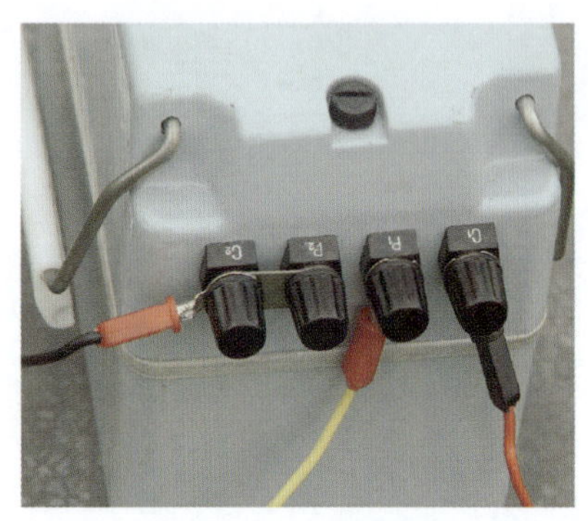

图 3-44　连接测试线

图 3-45　摇测接地电阻

（9）读数并做好记录：在 120r/min、持续 5s 以上，表计指针与正中黑线重合不再左右摆动时，停止旋转摇柄，其刻度盘上的数据与倍率档数之积即为所测接地电阻值，将其准确记录于接地电阻测试记录表格上。

（10）测试同塔的其他点。单基铁塔根据设计要求，可能不止一个接地点，会有多根接地引下线，测试接地电阻时应测试所有接地点的接地电阻。

1）将连接在已测接地点的 E 线端头鳄鱼夹取下，夹在另一需测接地引下线端头上。

2）设置档位：从最大档开始。

3）旋转读数盘：从最大读数处开始。

4）旋转摇柄：①由慢到快；②直至达 120r/min；③持续 5s 以上。

5）读数并做好记录：在 120r/min、持续 5s 以上，表计指针与正中黑线重合不再左右摆动时，停止旋转摇柄，其刻度盘上的数据与倍率档数之积即为所测接地电阻值，将其准确记录于接地电阻测试记录表格上。读数时，视线应垂直于地阻仪刻度盘面。

图 3-46　装拆接地引下线

6）恢复接地引下线：拆除各点接线，打磨除锈各接地连接点，戴上绝缘手套，恢复接地引下线，并使各连接点连接牢固可靠，如图 3-46 所示。

3.5.3　危险点辨识及控制措施

危险点：防止电击伤害。

控制措施：装拆接地引下线时应正确穿戴绝缘手套，防止雷电或感应电伤人；当地阻仪的各测试线已与地阻仪接线柱连接后，在有人与测试线的裸露部分接触时，禁止旋转摇柄，以防电击。

3.5.4　技能考核评分细则（见表 3-6）

表 3-6

技能考核评分细则

学号：	姓名：	系部：		班级：			
成绩：	考评员：	考评组长：		日期：			
技能操作模块名称		测量铁塔接地装置接地电阻	适用岗位	送电线路架设工、输电线路运行与检修工	考核时限	30min	使用时间
需要说明的问题和要求		1. 要求单独操作（1人辅助配合）					
		2. 要求着装正确（工作服、工作鞋、安全帽、劳保手套）					
		3. 工具由操作者自选，在不带电的培训输电线路铁塔操作。若测量时使用其他型号地阻仪的，必须严格按地阻仪说明书要求使用					
序号	项目名称	质量要求	满分	扣分标准	扣分原因	扣分	得分
1	工具选用						
1.1	个人工具	榔头、平口钳、活络扳手	2	漏一项扣2分			
1.2	专用工具	ZC-8型地阻仪全套，绝缘手套	2	漏一项扣2分，仪表选错扣5分，未选绝缘手套扣5分			
2	测试前准备						
2.1	检查地阻仪	仪表机械零和电气零	3	未做扣3分，后检查扣3分			
2.2	检查测试线及测试棒	测试线（线体、测试线两端鳄鱼夹、接线叉）、测试棒完好，各连接处紧密	2	漏查一项扣1分			
2.3	检查绝缘手套	必须合格，检查方式正确	4	未检查扣4分，方式不正确扣4分			
3	拆卸接地引下线						
3.1	拆卸接地引下线	戴绝缘手套、一次拆卸完全部接地引下线，打磨接触点。为缩短电力线路及设备不带接地装置的不正常运行状态时间，应待其他准备工作完成后再拆接地引下线，与4.4同步进行，测量结束后应尽快恢复	10	未戴绝缘手套扣10分，未拆卸全部接地引下线倒扣10分，未打磨接触点一处扣5分			
4	测试接地电阻						
4.1	地阻仪选位	地面平整，摇测时，地阻仪不会簸动	2	不符合要求扣2分			
4.2	施放测试线	横线路方向，C、P线相距大于1m（平行不得交叉）	5	有交叉扣5分，其他不符合要求扣5分			
4.3	打入测试棒	深度大于0.6m、打磨接触点	4	不符合要求扣5分			
4.4	连接测试线	C、P、E及各连接点正确、接触良好	8	一点不符合要求扣2分，先接测试线倒扣5分，接线不正确本模块考核不合格			

续表

序号	项目名称	质量要求	满分	扣分标准	扣分原因	扣分	得分
4.5	设置档位	从最大档开始	3	否则扣 3 分			
4.6	旋转读数盘	从最大读数处开始	4	错一次扣 4 分			
4.7	旋转摇柄	①由慢到快； ②直至达 120r/min； ③持续 5s 以上	3	每一项不符合要求扣 3 分			
4.8	读数并做好记录	准确，记录规范	8	否则本模块考核不合格			
4.9	重复 4.3～4.8 测量另一塔腿接地引下线接地电阻						
4.9.1	连接测试线	C、P、E 及各连接点正确、接触良好	2	一点不符合要求扣 2 分			
4.9.2	地阻仪选位	地面平整，测量时，地阻仪不会簸动	2	不符合要求扣 2 分			
4.9.3	设置档位	从最大档开始	3	否则扣 3 分			
4.9.4	旋转读数盘	从最大读数处开始	4	错一次扣 4 分			
4.9.5	旋转摇柄	①由慢到快； ②直至达 120r/min； ③持续 5s 以上	3	每一项不符合要求扣 3 分			
4.9.6	读数	准确	2	否则扣 2 分			
4.10	恢复接地引下线	拆除各点接线，恢复接地引下线： ①戴绝缘手套； ②打磨各接触点； ③螺栓连接处紧密	6	一项不合格扣 3 分			
5	其他要求						
5.1	操作过程	旋转度盘和摇柄配合不协调，地阻仪不簸动、位移	3	不协调扣 3 分，簸动、位移扣 2 分			
5.2	着装正确	安全帽、工作服、工作鞋、劳保手套穿戴正确	2	漏一样扣 2 分			
5.3	清理现场	符合文明生产要求	1	不符合要求扣 2 分			
5.4	完成时间	按规定时间内完成	2	超过时间不给分，每延长 2min 扣 1 分			
6	现场提问						
6.1			5				
6.2			5				
7	合计		100		原始总分		

模块6　使用GJ-35型钢绞线制作拉线

拉线制作是输配电线路施工与检修工作中的常见工作之一，在拉线制作时所选用的拉线金具应与钢绞线相匹配，并严格按照《输配电线路施工验收规范》进行作业：

（1）线弯曲部分应与线夹舌板紧密接触。

（2）线夹凸肚应在尾线侧。

（3）拉线弯曲部分不得有明显松股。

（4）NUT型线夹带螺母后螺杆必须露出螺纹，并应留有不小于1/2螺杆的螺纹长度，以供运行时调整。拉线尾线头应与本线用镀锌铁线扎牢，下把扎线端头必须扭麻花，用以防盗。

3.6.1　工作任务、安全要求和作业条件

1. 工作任务

完成用GJ-35型钢绞线制作拉线，要求1人独立完成。

2. 作业条件及安全工作要求

（1）本项工作为输配电线路施工、检修工作内容之一，应按标准化作业程序进行。

（2）1人操作，1人辅助，1人监护。

（3）现场作业人员应正确穿戴合格的工作服、工作鞋、安全帽和劳保手套。

（4）按工作任务要求选择工器具及材料。

（5）作业人员应具备符合本项作业要求的身体素质和技能水平，精神状态良好。

（6）必要时应在工作区范围设立标示牌或护栏。

（7）登杆前应对安全带、登杆工具进行检查和冲击试验，并对杆根、杆身、拉线进行检查，符合相应规定的要求（混凝土杆倾斜不应超过杆高的1.5%）。

（8）登杆塔前，应认真核对停电线路名称、杆号，看是否与工作票及派工单（作业任务单）上相符。

（9）登杆时，首先选择登杆方向，要求沿同一个方向上、下。

（10）在上下杆过程中，应正确使用登杆工具。在杆上作业，应正确使用安全带。

（11）杆塔上作业所需的工器具及材料，必须使用绳索传递，不得抛掷；在使用吊绳上下传递物件时，吊绳的两端应分别在操作者的两侧，以免吊绳在使用过程中发生缠绕。

（12）在工作中遇有6级以上大风以及雷暴雨、冰雹、大雾、沙尘暴等恶劣天气时，应停止工作。

（13）作业人员应具备必要的安全生产知识，熟悉《国家电网公司电力安全工作规程（电力线路部分）》相关内容，并经年度考试合格。

3.6.2　作业程序

1. 工具选用

（1）个人工具：钢丝钳、活络扳手两把、记号笔、钢卷尺。

（2）专用工具：木锤、断线钳、吊绳一根、登杆工具、安全带，如图3-47所示。

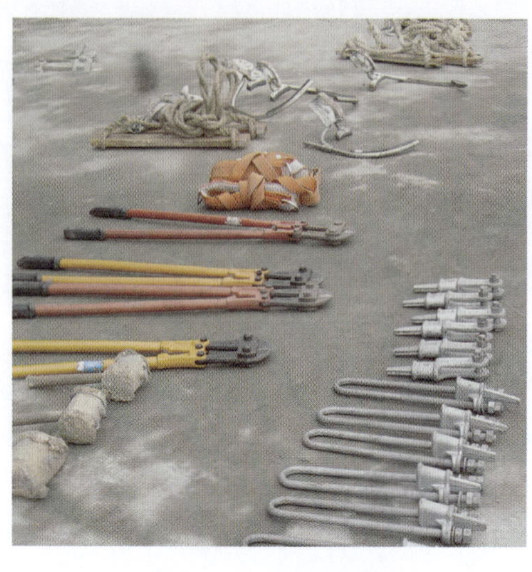
图 3-47 工器具一览

2. 材料

(1) 扎钢绞线的铁丝：18 号、10～12 号。

(2) 钢绞线型号：GJ-35。

(3) NX 型线夹：NX-1（带螺栓、销钉），NUT 型线夹：NUT-1（双螺母带平垫圈）。

3. 制作拉线上把

(1) 按要求的尾线长度在钢绞线上量出适当位置并划印，NX 型线夹套入钢绞线，线夹套入方向正确。

(2) 弯曲钢绞线：

1) 右手拉住钢绞线头，右脚踩住主线，左手控制钢绞线弯曲部位进行弯曲，弯曲后半径应略大于线夹舌板大头弯曲半径，划印点应位于弯曲部分中点，如图 3-48 所示。

2) 将钢绞线线尾及主线弯成张开的开口销形状，如图 3-49 所示。

图 3-48 弯曲钢绞线

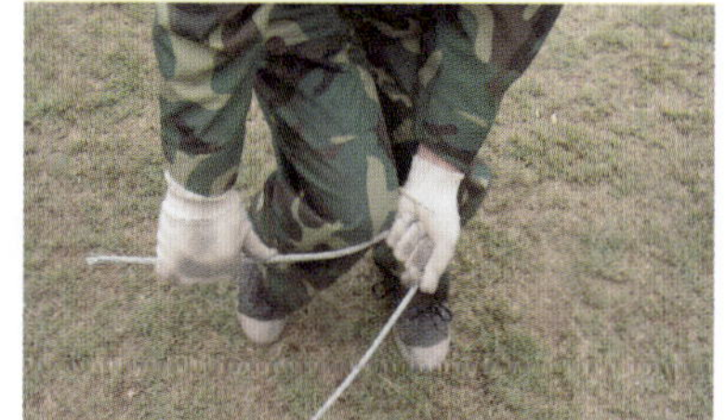
图 3-49 弯曲钢绞线成张开的开口销形状

3) 将钢绞线线尾由线夹凸肚侧穿入线夹，方向正确，主、副线应平行，如图 3-50 所示。

(3) 放入楔子后，先用手拉紧，再用木锤敲打，使钢绞线与舌板接触紧密、牢固，并做到无缝隙，钢绞线弯曲处无散股现象，牢固、无缝隙。尾线出线夹口长度为（300＋10）mm，如图 3-50 所示。

图 3-50 拉线上把

(4) 在钢绞线尾线处扎铁丝（55±5）mm，要求每圈铁丝都扎紧、平直、无缝隙，如图 3-50 所示。

4. 杆上操作

(1) 登杆前应检查杆根、杆身、登杆工具、安全带、吊绳等，并对登杆工具、安全带做人体冲击试验。

（2）登杆动作应熟练，安全可靠。不能出现摇晃，踩板钩口不能朝下，脚扣应与混凝土杆紧密接触，禁止出现登杆工具滑脱等不安全现象。

（3）上下杆应沿同一方向，上杆后一次进入工作点，位置正确，并正确使用安全带和吊绳。

（4）吊挂上把。正确安装螺栓及销钉，线夹凸肚朝下。

5. 安装拉线下把

（1）作业人员站在与拉线在地面投影成90°、距离混凝土杆10m左右位置，观察混凝土杆是否倾斜。

（2）划印：

1）沿拉线受力方向，向上提拉拉线棒。新安装的拉线棒未受力，因拉线棒环缝隙存在等原因尚有部分长度的拉线棒未伸出地面。

2）将UT型线夹拆开，U型螺栓穿进拉线棒环，1人配合拉紧钢绞线，使U型螺栓与拉线受力方向一致，比出钢绞线弯曲位置并划印，如图3-51所示。

图3-51 拉线下把划印

（3）根据划印点量出钢绞线剪断位置，并用记号笔作记号，先用细铁丝将剪断处两侧扎紧，再剪断钢绞线。不得出现因细铁丝未扎紧导致钢绞线散股，必须在安装线夹前剪断钢绞线。

（4）将线夹正确套入钢绞线。

（5）弯曲钢绞线：

1）右手拉住钢绞线头，右脚踩住主线，左手控制钢绞线弯曲部位进行弯曲，弯曲后半径应略大于线夹舌板大头弯曲半径，划印点应位于弯曲部分中点，主、副线应平行。

2）将钢绞线线尾及主线弯成张开的开口销模样。

3）并将钢绞线线尾穿入线夹，方向正确。

（6）放入楔子后，先用手拉紧，再用木锤敲打，使钢绞线与舌板接触紧密、牢固，并要求做到无缝隙，钢绞线弯曲处无散股现象。尾线出线夹口长度为（300+10）mm，同上把。

（7）在钢绞线尾线处扎铁丝（55±5）mm，要求每圈铁丝都扎紧、平直、无缝隙，如图3-52所示。

（8）扎钢绞线铁丝的两端头应绞紧，成3个麻花，将铁丝绞头压置于两钢绞线中间，要求平整，其端头应与尾线头平齐，与尾线头的距离误差应小于5mm，如图3-52所示。

（9）尾线位置：

1）线夹的凸肚位置应与尾线同侧。

2）凸肚位置应朝地面，如图3-53所示。

（10）安装拉线应由1人配合拉紧安装。调整拉线时应观察混凝土杆是否倾斜，并按规范要求在UT型线夹螺栓丝扣部分涂刷润滑剂后，调紧拉线。再将双螺母并紧，并注意其防水面朝上。调整好的线夹舌板应与U型螺栓两螺杆距离相等。UT型线夹带螺母后螺杆必须露出螺纹，并应留有不小于1/2螺杆的螺纹长度，以供运行时调整。

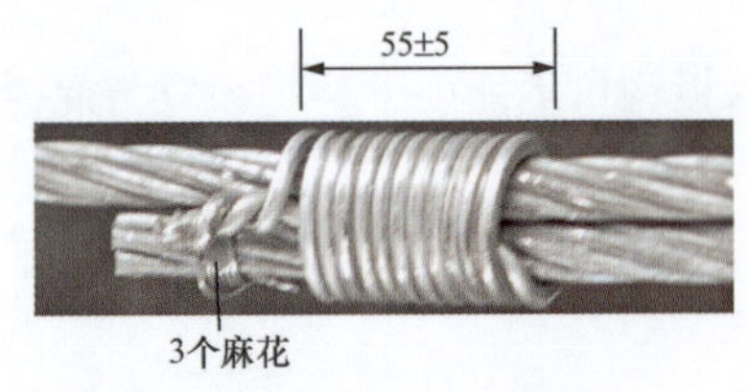

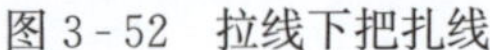

图 3-52 拉线下把扎线

图 3-53 拉线下把安装图

(11) 制作拉线上下把时，严禁正负线穿反。

3.6.3 危险点辨识及控制措施

(1) 危险点一：上下杆和杆上作业过程中，高处坠落。

控制措施：

1) 作业人员登杆前，应仔细检查杆根、杆身、(临时) 拉线等，防止登杆作业过程中因倒杆而坠落。

2) 使用脚扣 (或踩板) 登杆工具应与杆身接触紧密，防止工具滑脱而坠落。

3) 使用脚扣上下杆过程中，以及杆上作业时不得失去安全带保护。

4) 加强作业过程的监护。

(2) 危险点二：作业过程中，高处坠物伤人。

控制措施：杆上作业人员的工具及零星材料应装入工具袋，防止坠物；杆下作业人员应正确佩戴安全帽，距离杆上作业点垂直下方 2m 以外。

3.6.4 技能考核评分细则 (见表 3-7)

表 3 - 7

技能考核评分细则

学号：	姓名：	系部：	班级：
成绩：	考评员：	考评组长：	日期：

技能操作模块名称	使用 GJ-35 型钢绞线制作拉线	适用岗位	送电线路架设工、配电线路运行检修工	考核时限	30min	使用时间	
需要说明的问题和要求	1. 要求单独操作（1 人辅助工地面配合）						
	2. 要求着装正确（工作服、工作鞋、安全帽、劳保手套）						
	3. 自选钢绞线型号及相应线夹型号						
	4. 利用登杆工具登杆挂上把						
	5. 工具及材料由操作者自选，在不带电的培训线路上操作						

序号	项目名称	质量要求	满分	扣分标准	扣分原因	扣分	得分
1	工具选用						
1.1	个人工具	钢丝钳、活络扳手两把、记号笔、钢卷尺	2	漏一项扣 1 分			
1.2	专用工具	木锤、断线钳、吊绳一根、登杆工具、安全带	2	漏一项扣 1 分			
2	材料准备						
2.1	扎钢绞线的铁丝	自选铁丝型号	1	错、漏 1 项扣 2 分			
2.2	钢绞线	选定钢绞线型号	1	拿错扣 3 分			
2.3	UT 型线夹	选定型线夹型号（双螺母带平垫圈）	1	螺帽垫圈每漏一件扣 1 分，型号错扣 2 分			
2.4	NX 型线夹	选定型线夹型号（注意带螺栓、销钉）	1	漏螺栓、销钉各扣 2 分，型号错扣 2 分			
3	制作拉线上把						
3.1	楔型线夹套入钢绞线	线夹套入方向正确	3	套反一次倒扣 3 分，先弯后套扣 3 分			
3.2	弯曲钢绞线	①脚踩住主线，一手拉住钢绞线头，另一手控制钢绞线弯曲部位，进行弯曲； ②将钢绞线线尾及主线弯成张开的开口销模样； ③将钢绞线线尾穿入线夹，方向正确	3	视情况扣 1～3 分，正负线穿反倒扣 5 分			
3.3	放入楔子	拉紧凑	1	未拉紧扣 1 分			
3.4	用木锤敲打	牢固、无缝隙，弯曲处无散股现象	4	每 1mm 缝隙扣 1 分，散股扣 10 分			

续表

序号	项目名称	质量要求	满分	扣分标准	扣分原因	扣分	得分
3.5	尾线长度	(300+10)mm	3	超出误差每+1cm扣1分，每−1cm扣2分			
3.6	扎铁丝	在钢铰线尾线处扎（55±5)mm，每圈铁丝都扎紧且无缝隙	4	扎线长度在（55±5)mm范围外扣3分，1圈不紧扣1分，1个缝隙扣1分			
4	杆上操作						
4.1	登杆前检查	杆根、杆身、登杆工具、安全带、吊绳检查	2	漏一项扣3分			
4.2	登杆	登杆动作安全熟练	3	脚扣未满挂一次扣3分，踩板钩口朝下一次扣3分，脚扣踩板滑脱倒扣10分，并令其下杆，由辅工代其挂上把			
4.3	站位及使用安全带、吊绳	操作正确，位置正确，吊绳使用正确	6	一项不正确扣2分			
4.4	吊挂上把	正确安装螺栓及销钉、凸肚朝下	3	不正确扣3分			
5	安装拉线下把						
5.1	观查混凝土杆	是否倾斜	3	未检查扣3分			
5.2	划印	①沿拉线受力方向拉紧拉线棒； ②UT型线夹拆开，U型螺栓穿进拉线棒环，比出钢绞线的所需长度并划印； ③1人配合进行，划印正确	2	不正确不得分			
5.3	量出钢绞线剪断位置	位置正确	2	不正确扣2分			
5.4	剪断钢绞线	剪断前用细铁丝将剪断处两侧扎紧	2	若因细铁丝不紧造成钢绞线散股扣2分，做好线夹再剪断不得分			
5.5	线夹套入钢绞线	线夹套入方向正确	3	套反一次倒扣3分，先弯后套扣3分			
5.6	弯曲钢绞线	①脚踩住主线，一手拉住钢绞线头，另一手控制钢绞线弯曲部位，进行弯曲； ②将钢绞线线尾及主线弯成张开的开口销模样； ③将钢绞线线尾穿入线夹，方向正确	3	一项不正确扣2分，正负线穿反倒扣5分			
5.7	放入楔子	拉紧凑	1	未拉紧扣1分			

续表

序号	项目名称	质　量　要　求	满分	扣　分　标　准	扣分原因	扣分	得分
5.8	用木锤敲打	牢固、无缝隙，弯曲处无散股现象	4	每1mm缝隙扣1分，散股扣10分			
5.9	钢绞线尾线绑扎方法	正确（先顺钢绞线平压一段扎丝，再缠绕压紧该端头）	2	否则扣2分			
5.10	扎铁丝	在钢铰线尾线处扎（55±5)mm，每圈铁丝都扎紧且无缝隙	4	扎线长度在（55±5)mm范围外扣3分，1圈不紧扣1分，1个缝隙扣1分			
5.11	铁丝两端头处理	两端头绞紧，3个麻花不能超过尾线头	2	否则扣2分			
5.12	铁丝绞头处理	压置于两钢线中间，平整	1	否则扣1分			
5.13	尾线位置	①线夹的凸肚位置应与尾线同侧； ②凸肚位置均朝地面	2	错误扣8分			
5.14	尾线长度	(300+10)mm	3	超出误差每+1cm扣1分，每−1cm扣2分			
5.15	安装拉线	1人配合拉紧安装	2	安装不上本模块考核不合格			
5.16	按要求调紧拉线	调整时观查混凝土杆是否倾斜，UT型线夹螺栓丝扣部分涂刷润滑剂	3	未观察混凝土杆扣3分，未涂刷润滑剂扣3分			
5.17	紧螺母	双螺母并紧，防水面朝上	1	未并紧扣3分，防水面未朝上一处扣2分			
5.18	出丝检查	UT型线夹双螺母出丝不得大于丝纹总长的1/2，不得少于20mm	2	出丝大于丝纹总长的1/2倒扣15分，出丝小于20mm扣5分			
6	其他要求						
6.1	正负线穿反	不得穿反		否则本模块考核不合格			
6.2	杆上操作	杆上不能掉东西	2	掉一件东西倒扣10分			
6.3	着装	工作服、工作鞋、安全帽、劳保手套穿戴正确	2	漏一项扣2分			
6.4	清理现场	①整理工具、清理工作现场； ②符合文明生产要求	2	漏一项扣2分			
6.5	完成时间	按规定时间内完成	2	超过时间不给分，每延长2min扣1分			
7	现场提问						
7.1			5				
7.2			5				
8	合计		100		原始总分		

模块 7　倒落式人字抱杆整立 15m 钢筋混凝土电杆

架空输配电线路杆塔可分为钢筋混凝土电杆、铁塔、钢管杆等。混凝土杆按加工方法的不同可分为普通混凝土杆和预应力混凝土杆。混凝土杆组立有整体组立、分解组立两大类，整立组立应用较多。混凝土杆整立方法有叉杆立杆法、吊车立杆法、倒落式抱杆法和固定式抱杆法等，其中倒落式人字抱杆整立混凝土杆具有施工速度快、高处作业少等特点，它是目前国内施工企业使用较多的一种立杆方法。

按每基所用混凝土杆数量，混凝土杆分为单杆、双杆、三联杆等，15m 混凝土单杆是架空配电线路中常用的杆型之一。采用倒落式人字抱杆整立 15m（见图 3 - 54）混凝土杆是综合实训项目，以小组为单位完成实训和考核。

图 3 - 54　倒落式抱杆整体组立 15m 混凝土杆全景

3.7.1　工作任务、安全要求和作业条件

1. 工作任务

完成倒落式人字抱杆整立 15m 混凝土杆施工。

2. 作业条件及安全工作要求

（1）本项工作系配电线路施工与检修工作内容之一，应按标准化作业程序进行。

（2）实训小组成员组成：组长（工作负责人兼指挥）1 人，安全员 1 人，绞磨操作人员 3 人（绞磨手 1 人，牵磨尾绳操作人员 2 人），总牵引地锚操作人员 1 人，看杆根人员 2 人，抱杆操作人员 1 人，吊点操作人员 2 人，制动绳操作人员 2 人，辅助人员 4 人。

（3）主要工器具：绞磨（3t）1 台、铁棒桩 12 根、铝合金人字抱杆（□300mm×300mm×9m×2）1 套、主牵引钢绳（ϕ13mm×150m）1 根、风绳（钢丝绳 ϕ9.3mm×50m）2 根、吊绳（钢丝绳 ϕ15.5mm×20m）1 根、制动绳一套（钢丝绳 ϕ15.5mm×30m、3t 手扳葫芦 1 台）、钢丝套（ϕ15.5mm×12m）2 根、钢丝套（ϕ12.5mm×1m）3 根、钢丝套（ϕ12.5mm×6m）2 根、白棕绳（ϕ18mm×25m）4 根、二锤（18 磅）4 把、皮尺（30m）1 把、铁锹 2 把、钢钎 4 根、铁滑车（3t×3）、冲锤 1 把、卸扣（5t×5）、凹形螺栓（ϕ22mm×1）、钢丝钳 2 把、活络扳手 2 把、撬棍 3 根和其他常用工具等。

（4）主要材料：15m 混凝土杆 1 根、横担、抱箍及拉线（拉盘已预埋）等。

（5）现场作业人员应正确穿戴合格的工作服、工作靴、安全帽、劳保手套。

（6）按工作任务要求选择工器具及材料。

（7）作业人员应具备符合本项作业要求的身体素质和技能水平，精神状态良好。

(8) 必要时应在工作区范围设立标示牌或护栏。

(9) 登杆前应对安全带、登杆工具进行检查，并做冲击试验，并对杆根、杆身、拉线进行检查，符合相应规定的要求。

(10) 登杆塔前，应认真核对停电线路名称、杆号，看是否与工作票及派工单（作业任务单）上相符。

(11) 登杆时，首先选择登杆方向，要求沿同一个方向上、下。

(12) 在上下杆过程中，应正确使用登杆工具。在杆上作业，应正确使用安全带。

(13) 上杆塔后，登杆工具必须妥善放置，不得随意放置于横担上。

(14) 杆塔上作业所需的工器具及材料，必须使用绳索传递，不得抛掷；在使用吊绳上下传递物件时，吊绳的两端应分别在操作者的两侧，以免吊绳在使用过程中发生缠绕。

(15) 在工作中遇有6级以上大风以及雷暴雨、冰雹、大雾、沙尘暴等恶劣天气时，应停止工作。

(16) 作业人员应具备必要的安全生产知识，熟悉《国家电网公司电力安全工作规程（电力线路部分）》相关内容，并经年度考试合格。

3.7.2 作业程序

1. 施工现场布置

工作负责人按照施工设计要求，组织作业人员进行施工现场布置，确保整立混凝土杆受力体系中四点一线，即主牵引绳、杆坑中心、人字抱杆顶、制动地锚中心在同一条直线上，严禁偏移，以保证在起吊过程中受力均匀。

(1) 主牵引地锚布置（见图3-55）：

1) 主牵引地锚与混凝土杆基坑中心的距离为杆高的1.5倍。

2) 主牵引绳与地面夹角一般在10°～15°。

(2) 绞磨布置：

1) 地锚位置距离主牵引绳地锚8m。

2) 牵引绳转角45°。

3) 绞磨应摆放平正，主牵引绳在磨芯上缠绕5圈。

(3) 制动绳布置：

1) 制动锚坑与基坑中心的距离为杆高的1.5倍，如图3-56所示。

图3-55 主牵引绳地锚

2) 制动绳应固定在杆根200～300mm处，并缠绕2圈，如图3-57所示。

图3-56 制动绳地锚

图3-57 制动绳固定于杆根

3）制动绳与手扳葫芦应连接可靠。

（4）抱杆布置：

1）人字抱杆的高度8m，抱杆的根开为抱杆有效长度的1/3，抱杆对地面的夹角为60°～70°，抱杆的头部固定两个5t的卸扣铁滑车。

2）抱杆座落点位置：

①抱杆座位离基坑中心为混凝土杆高的1/5。

②抱杆两腿连线应与中心线垂直。

（5）起立抱杆：

1）用4根钢钎固定人字抱杆底座，如图3-58所示。

2）启动机动绞磨待主牵引绳受力后，抱杆两侧各3人起立抱杆，如图3-59所示。

图3-58 抱杆底座固定

图3-59 起立抱杆

3）抱杆起立到位后，停止牵引，并调整抱杆使抱杆顶位于中心线上。

4）调整吊绳长度使抱杆倾斜角在60°～70°，如图3-60所示。

图3-60 施工现场布置（牵引绳、抱杆、吊绳）

（6）吊点选择（见图3-60）：

1）15m的锥形杆选两吊点，从杆顶下来2.5m是第一吊点，从杆顶量下来7.5m是第二吊点。

2）两吊点的合力作用点，一般在混凝土杆重心1.1～1.5倍处。

(7) 临时拉线（风绳）布置：

1) 风绳地锚位置为杆高的1.2～1.5倍，如图3-61所示。

2) 两根风绳应固定在杆顶下3.0m处，面向混凝土杆起立方向左侧风绳为1号，右侧风绳为2号。

3) 风绳与中心线夹角为60°。

4) 加装两根白棕绳为备用风绳。

图3-61 风绳地锚

2. 混凝土杆起立前各岗位的检查内容

现场布置结束后，开始现场检查。

(1) 立杆指挥会同安全员负责检查项目：

1) 抱杆顶、主牵引地锚中心、制动绳地锚中心、杆身中心是否在同一垂直面内。检查可用目测，也可采用经纬仪观测。

2) 混凝土杆组装是否完全符合设计图纸要求。

3) 混凝土杆接头的防腐措施是否已完整。

4) 混凝土杆坑内有无积水，若有应立即排除。

5) 应设立安全监督岗及危险区保护围栏，严禁非作业人员进入1.2倍杆高作业区内。

(2) 杆根操作人应检查的项目：

1) 吊绳受力是否均匀，规格是否符合要求。绑扎位置是否正确、牢靠。

2) 吊绳的平衡滑车挂钩及活门是否封闭。

3) 抱杆位置是否正确，防沉、防滑措施是否可靠，抱杆脱帽的控制绳是否绑好。

(3) 制动系统操作人应检查项目：

1) 制动器上制动钢绳有无压叠，有无妨碍操作的绳索或物件。

2) 制动绳在主杆根部绑扎位置是否正确、牢固。

3) 制动绳与地锚的连接是否牢固。

(4) 主牵引系统操作人应检查的项目：

1) 主牵引的复滑车组钢绳是否打绞，复滑车组的定滑轮与地锚的连接是否牢固，动滑轮的防翻转重物是否绑扎牢固。

2) 绞磨绳是否经过倒扳滑车进入机动绞磨。

3) 复滑车组的收缩长度能否满足混凝土杆立正的要求，避免滑车碰头。

4) 绞磨是否运转可靠，是否锚固，方向是否正确。

(5) 临时拉线系统操作人应检查的项目：

1) 拉线长度能否满足立杆要求，控制装置是否可靠，与其他绳索有无交叉压叠，所在地面及上方有无其他障碍物，立杆过程是否会碰阻。

2) 各岗位操作人员检查完毕应向指挥人报告。如有需要处理的问题，必须经指挥人同意再作处理，严禁边立杆边处理遗留问题。

3. 立杆过程的操作

应检查项目检查完毕，全部符合施工设计要求后，工作负责人指挥启动绞磨，开始牵引立杆。

(1) 当混凝土杆头部起立至离开地面约1m时，应停止牵引，安排1人至混凝土杆头部，上下用力抖动以对混凝土杆做冲击试验；同时检查各地锚受力位移情况，各索具间的连接情况及受力后有无异常，抱杆的工作状况，混凝土杆各吊点及杆身有无明显弯曲现象等，如图 3-62 所示。

(2) 冲击试验结束后继续牵引立杆。随着混凝土杆的缓缓起立，制动绳操作人应根据看杆根人的指挥缓慢松出，使杆根逐渐靠近底盘。两侧临时拉线应根据指挥人的命令进行收紧或放松，使拉线呈松弛状态。

(3) 抱杆接近失效时，牵引速度应放慢，整立后方临时拉线；如为永久拉线代替后方临时拉线时，应将拉线理顺，防止出现交叉、弯勾或压叠。调整制动绳，使杆根接触底盘，以保持混凝土杆稳定。

(4) 抱杆失效时（见图 3-63），应停止牵引，缓慢松出抱杆脱帽拉绳，使抱杆缓缓落地。拉绳操作人必须站在抱杆的外侧。如果抱杆脱帽不顺利，可先脱出一根，再缓慢牵引，脱出另一根。两根抱杆落地后，抽出拉绳。

图 3-62 冲击试验

图 3-63 抱杆失效

(5) 混凝土杆起立至 60°～70°时，继续调整制动绳，使混凝土杆杆根对准底盘中心就位。后方临时拉线应开始稍微受力，并随混凝土杆的起立而慢慢松出。

(6) 当混凝土杆立至 80°～85°时，应停止牵引，缓慢松出后方拉线，利用牵引索具的质量及张力使混凝土杆立正，或者用人压牵引索具办法使混凝土杆立正。

(7) 用经纬仪在顺线路和横线路两个方向上观测混凝土杆是否垂直地面，符合要求后即安装永久拉线。

4. 混凝土杆的调整

混凝土杆回填土之前，必须检查横担是否在设计规定方位，混凝土杆倾斜等应符合“施工及验收规范”要求。

(1) 单杆不在线路中心线上时，应用千斤顶顶推或用双钩紧线器偏心吊移，使混凝土杆达到设计位置。调杆前将拉线稍松并进行控制，调杆后再收紧拉线。

(2) 单杆的横担偏离垂直线路方向位置应用白棕绳套和木杠缠于距地约 1.2m 的主杆杆身上，推动木杠使杆身扭转，直至横担符合设计位置为止。

(3) 混凝土杆倾斜未调到符合要求前，不应回填土，已填土的应将填土挖开或局部挖开。混凝土杆倾斜误差达到优良级标准后再全部收紧永久拉线，并进行回填土。

5. 回填

(1) 检查混凝土杆已立正，永久拉线已安装完毕，制动绳已拆除后，应立即进行土壤回填，如图 3-64 所示。

图 3-64　土壤回填

(2) 所有基坑回填土均应分层夯实，每回填 300mm 厚度夯实一次。基坑回填土，应先排除坑内积水。石坑回填时应以石子与土按 3∶1 掺合后回填。

(3) 凡回填土达不到原状土密实度时，都必须在坑口上筑防沉层。防沉层的上部不得小于坑口，其高度宜为 300～500mm。经过沉陷后应及时补填夯实，在工程移交时坑口防沉层高度宜为 100～300mm。

(4) 回填土应使用基坑挖出来的原土。当原土不够或要求换土回填时，取土范围应在坑口 3m 以外（拉线坑后侧的 3m 以外）。

(5) 凡有卡盘的混凝土杆，应当先安装下卡盘再进行回填土，待回填土达到一定高度时再安装上卡盘，然后再次回填。卡盘下方的回填土务必夯实。

(6) 所有地锚坑，在地锚拔出后，必须进行回填，坑口上的防沉层高度宜为 100～200mm。

基坑回填土应尽可能做到恢复原来的地形地貌，保护自然植被，便利耕作和排水。

6. 工器具拆除

(1) 凡靠永久拉线稳定的混凝土杆，必须待永久拉线安装完毕并收紧后，方准拆除工器具。无拉线的混凝土杆必须回填土并夯实后方准拆除工器具。

(2) 拆工器具前应将抱杆抬运到距 1.2 倍杆高的距离以外。

(3) 拆除工器具的工作程序是：先地面，后杆上；杆上作业应由上至下。

(4) 临时补强木的拆除应用棕绳拴住，慢慢放下，不得抛掷。凡与地面相连接的绳索必须先在地面松出不带张力后，再登杆拆除杆上绑扎的绳索。左右两杆由两名技工在高处互相配合，协调工作。

(5) 工器具拆除到地面后应进行检查整理及打捆，准备下次使用。

3.7.3　危险点辨识及控制措施

(1) 危险点一：倒杆伤人。

控制措施：

1) 统一指挥，统一信号，分工明确，对施工工艺和方法进行技术交底，明确各岗位职责。

2) 要使用合格的起重工器具，严禁超载使用；钢丝绳套严禁以小代大使用。

3) 起吊钢丝绳应绑在混凝土杆适当的位置，防止混凝土杆突然颠倒。

4) 杆根监视人应站在杆根侧面，下坑操作时应停止牵引。

5) 已经立起的混凝土杆，只有安装全部永久拉线后，方可去除牵引绳和临时拉线。

6) 混凝土杆上有人工作，不得调整或撤除临时或永久拉线。

7) 加强作业过程的监护。

(2) 危险点二：作业过程中，高处坠落伤人。

控制措施：高处作业应使用安全带，戴安全帽；杆上转移作业位置时，不得失去安全带的保护。

（3）危险点三：作业过程中，高处坠物伤人。

控制措施：

1）混凝土杆上作业防止掉东西，使用工器具、材料等放在工具袋内，工器具的传递要使用传递绳。

2）施工现场除必要的工作人员外，其他人员应离混凝土杆 1.2 倍杆高以外，吊件垂直下方、受力钢丝绳的内角侧严禁有人。

3）现场作业人员必须戴好安全帽，严禁非作业人员进入作业现场。

3.7.4 技能考核评分细则（见表 3-8）

表 3-8

技能考核评分细则

<table>
<tr><td colspan="2">学号：</td><td>姓名：</td><td colspan="2">系部：</td><td colspan="3">班级：</td></tr>
<tr><td colspan="2">成绩：</td><td>考评员：</td><td colspan="2">考评组长：</td><td colspan="3">日期：</td></tr>
<tr><td colspan="2">技能操作模块名称</td><td>倒落式人字抱杆整立 15m 混凝土杆　适用岗位　送电线路架设工、输配电线路检修工</td><td colspan="2">考核时间　240min</td><td colspan="3">使用时间</td></tr>
<tr><td colspan="2" rowspan="4">需要说明的问题和要求</td><td colspan="6">1. 用倒落式人字抱杆立 15m(ϕ190mm) 锥形混凝土单杆</td></tr>
<tr><td colspan="6">2. 工作内容包括工器具的准备，填写“标准化作业卡”，技术交底，人员分工，现场布置及操作</td></tr>
<tr><td colspan="6">3. 工具：绞磨（3t）1 台、铁棒桩 12 根、铝合金人字抱杆（□300mm×300mm×9m×2）一套、主牵引钢绳（ϕ13mm×150m）1 根、风绳（钢丝绳 ϕ9.3mm×50m）2 根、吊绳（钢丝绳 ϕ15.5mm×20m）1 根、制动绳一套（钢丝绳 ϕ15.5mm×30m、3t 手扳葫芦一台）、钢丝套（ϕ15.5mm×12m）2 根、钢丝套（ϕ12.5mm×1m）3 根、钢丝套（ϕ12.5mm×6m）2 根、白棕绳（ϕ18mm×25m）4 根、二锤（18 磅）4 把、皮尺（30m）1 把、铁锹 2 把、钢钎 4 根、铁滑车（3t×3）、冲锤 1 把、卸扣（5t×5）、凹形螺栓（ϕ22mm×1）、钢丝钳 2 把、活络扳手 2 把、撬棍 3 根和其他常用工具等。制动绳、牵引绳所用的地锚规格埋深 1.6m 或使用 ϕ55mm×1600mm 桩锚</td></tr>
<tr><td colspan="6">4. 在线路培训基地场地进行</td></tr>
<tr><td>序号</td><td>项目名称</td><td>质　量　要　求</td><td>满分</td><td>扣　分　标　准</td><td>扣分原因</td><td>扣分</td><td>得分</td></tr>
<tr><td>1</td><td>工作前准备</td><td></td><td></td><td></td><td></td><td></td><td></td></tr>
<tr><td>1.1</td><td>工器具外观检查及进场</td><td>工器具无损伤，满足施工要求</td><td>5</td><td>漏、错检查一项扣 3 分</td><td></td><td></td><td></td></tr>
<tr><td>1.2</td><td>技术交底</td><td>内容正确完整</td><td>5</td><td>酌情扣分</td><td></td><td></td><td></td></tr>
<tr><td>1.3</td><td>人员分工</td><td>分工明确，责任到人，统一信号，密切配合</td><td>5</td><td>酌情扣分</td><td></td><td></td><td></td></tr>
<tr><td>2</td><td>施工现场布置</td><td></td><td></td><td></td><td></td><td></td><td></td></tr>
<tr><td>2.1</td><td>受力体系四点一线</td><td>主牵引绳、杆坑中心、人字抱杆顶、制动地锚中心，在同一条直线上</td><td>5</td><td>酌情扣分</td><td></td><td></td><td></td></tr>
<tr><td>2.2</td><td>主牵引地锚布置</td><td>①主牵引地锚与混凝土杆基坑中心的距离为杆高的 1.5 倍；
②主牵引绳与地面夹角一般在 10°～15°</td><td>5</td><td>错误一项扣 2～5 分</td><td></td><td></td><td></td></tr>
<tr><td>2.3</td><td>绞磨布置</td><td>①地锚位置距离主牵引绳地锚 8m；
②牵引绳转角 45°；
③绞磨应摆放平正，主牵引绳在磨芯上缠绕 5 圈</td><td>5</td><td>错误一项扣 2 分</td><td></td><td></td><td></td></tr>
<tr><td>2.4</td><td>制动绳布置</td><td>①制动锚坑与基坑中心的距离为杆高的 1.5 倍；
②制动绳应固定在杆根 200～300mm 处，并缠绕 2 圈；
③制动绳与手扳葫芦应连接可靠</td><td>5</td><td>错误一项扣 2～5 分</td><td></td><td></td><td></td></tr>
<tr><td>2.5</td><td>抱杆布置</td><td>人字抱杆的高度 8m，抱杆的根开为抱杆有效长度的 1/3，抱杆对地面的夹角 60°～70°，抱杆的头部固定两个 5t 的卸扣挂铁滑车</td><td>5</td><td>酌情扣分</td><td></td><td></td><td></td></tr>
<tr><td>2.6</td><td>抱杆座位</td><td>①抱杆座位离洞心为混凝土杆高的 1/5；
②抱杆两腿连线应与中心线垂直</td><td>2</td><td>错误一项扣 2 分</td><td></td><td></td><td></td></tr>
<tr><td>2.7</td><td>起立抱杆</td><td>①用 4 根钢钎固定人字抱杆底座；
②启动机动绞磨待主牵引绳受力后，抱杆两侧各 3 人起立抱杆顶；
③抱杆起立到位后，停止牵引，并调整抱杆使抱杆顶位于中心线上；
④调整吊绳长度使抱杆倾斜角在 60°～70°</td><td>15</td><td>酌情扣分</td><td></td><td></td><td></td></tr>
</table>

续表

序号	项目名称	质量要求	满分	扣分标准	扣分原因	扣分	得分
2.8	吊点选择	15m的锥形杆选两吊点，从杆顶下来2.5m是第一吊点，从杆顶量下来7.5m是第二吊点	5	错误一项扣2～5分			
2.9	风绳布置	①风绳地锚位置为杆高的1.2～1.5倍； ②两根风绳应固定在在杆顶下3.0m处，面向混凝土杆起立方向左侧风绳为1号，右侧风绳为2号； ③风绳与中心线夹角为60°； ④加装两根白棕绳为备用风绳	5	酌情扣分			
3	立杆工作						
3.1	指挥立杆	①指挥人员应站在制动绳地锚后面，用红、白旗指挥立杆起吊工作，喊号指挥两侧风绳缓慢放出； ②当杆顶离开地面1m左右时，应停止起吊，检查各部受力情况并做冲击试验； ③混凝土杆吊到40°～50°时，应检查杆根是否对准底盘中心，如有偏斜应及时调正。在抱杆失效前杆根应进入底盘位置； ④抱杆失效时，注意各部受力情况有无异常； ⑤混凝土杆起到70°以上时要放慢牵引速度，并设专人于横向位置观测混凝土杆，后方临时拉线要拴在制动锚上听命令缓缓放出，防止混凝土杆向牵引侧倾斜； ⑥当混凝土杆立至80°～85°时，应停止牵引。缓慢松出后方拉线，利用牵引索具的质量及张力使混凝土杆立正，或者用人压牵引索具办法使混凝土杆立正； ⑦用经纬仪在顺线路和横线路两个方向上观测混凝土杆是否垂直地面，符合要求后即安装永久拉线	20	每单项中错误一项扣5分			
3.2	整杆工作	①混凝土杆立好后，顺线、横线路方向用经纬仪或线垂调正； ②回填土300mm用冲锤夯实； ③安装好永久拉线后，方可拆除主牵引绳、抱杆，风绳、临时锚桩等	5	未调正扣5分			
4	工作终结验收						
4.1	杆位尺寸	混凝土杆立好后，杆位尺寸顺线路方向尽量符合设计要求，杆位中心在横线方向不得大于50mm	2	酌情扣分			
4.2	拉线组合	受力均匀，UT型线夹处用双螺帽并紧	1	错误扣1分			
4.3	安全文明生产	①着装正确； ②统一指挥，杜绝工作随意性； ③不得喧哗； ④在混凝土杆起立过程中，除指挥人及指定人员外，其他人员应在离开杆坑中心杆高1.2倍距离以外	5	错误扣2～5分			
5	合计		100		原始总分		

模块8 停电测量10kV杆架式配电变压器接地装置接地电阻

配电变压器是配电线路的重要组成元件，其安装、运行与维护是配电线路岗位作业人员的重要工作任务之一。配电变压器的接地包括变压器中性点接地、变压器外壳接地及防雷装置接地，常将上述接地统一与接地装置连接后实现接地（见图3-65），配电变压器接地符合设计要求的重要性显而易见。接地装置的接地是否达到要求可以通过测量接地电阻值得到直观的反映，因此掌握杆架式配电变压器的接地电阻测量方法就显得尤为重要。杆架式配电变压器的接地装置接地电阻测量可带电测量，但应采取临时接地措施；在实际作业时常采用停电测量。

图3-65 杆架式配电变压器及其接地引下线

3.8.1 工作任务、安全要求和作业条件

1. 工作任务

停电测量10kV杆架式配电变压器接地装置的接地电阻。

2. 作业条件及安全工作要求

（1）本项工作是配电线路施工、运行与维护的重要工作之一，应按标准化作业程序进行。

（2）1人操作、1人辅助、1人监护。

（3）现场作业人员应正确穿戴合格的工作服、工作鞋、安全帽和劳保手套。

（4）按工作任务要求选择工器具及材料。

（5）作业人员应具备符合本项作业要求的身体素质和技能水平，精神状态良好。

（6）必要时应在工作区范围设立标示牌或护栏。

（7）测量人员应了解测量仪器的构成，掌握使用方法。

（8）测量时需将被测接地装置引线与配电变压器断开。

（9）测量人员测量前，应了解杆架式配电变压器的接地装置形式。

（10）拆除和安装接地引下线时应带绝缘手套。

（11）用接地电阻测试仪测量过程中，严禁有人接触接地极、端子及连接线。

（12）测量人员应具备判断接地电阻合格与否的能力，应具备根据接地电阻判断接地装置运行情况的能力。

（13）在工作中遇有6级以上大风以及雷暴雨、冰雹、大雾、沙尘暴等恶劣天气时，应停止工作。

（14）作业人员应具备必要的安全生产知识，熟悉《国家电网公司电力安全工作规程（电力线路部分）》相关内容，并经年度考试合格。

3.8.2 作业程序

1. 工具选用

(1) 个人工具：榔头、平口钳、活络扳手、笔、记录簿。

(2) 专业工具：ZC-8 型接地电阻测试仪全套（含导线及探针）、绝缘手套。

2. 测试前的准备

(1) 仪器电气零位检查。测量前，应对仪器进行电气零位检查，以发现仪器的内部电路是否正确。检查时用短接线把 P1、P2、C1、C2 四个端子短接，检流计指针调至“0”位，量程转换置于“×1”或“×10”，此时摇动测试仪手柄，指针应该指“0”位。若不指“0”，则此测试仪应送修。

(2) 仪器灵敏度检查。检查时用短接线把 P1、P2、C1、C2 四个端子短接，滑线电阻指针调至“1”Ω 位置，量程转换置于“×0.1”档，摇动测试仪手柄，若指针偏离“0”位 4 小格以上，则此仪器灵敏度合格。反之，则不合格，应送检。

(3) 机械零位调整。测量时，将仪器水平放置在平地上，然后调整检流计的机械零位微调旋钮，使检流计的指针指在零位位置。

(4) 测试线及探针检查。测量前应对测试线（含电流极、电压极引线以及接地极引线），检查导线本体是否完好，是否有绝缘层损坏、导线断股等情况，引线两端的连接端子与引线是否连接紧密，端子（鳄鱼夹、接线叉）的握着力是否能满足与仪器及接地引下线的可靠连接的需要。

检查探针是否完好，探针与引线是否能可靠连接。

(5) 绝缘手套的检查。绝缘手套使用前应进行检查，首先查看是否在检验合格有效期内，其次检查手套外观是否完好，最后对绝缘手套充气（或装水），检查其完好性。充气检查时，应先给绝缘手套充气，再沿垂直于绝缘手套掌面方向将绝缘手套腕部卷裹 2～3 圈，检查绝缘手套是否有砂眼或其他破损，如图 3-66 所示。

3. 拆卸配电变压器接地引下线

测量人员带上绝缘手套，使用扳手将杆架式变压器的所有与接地装置相连的引下线断开，如图 3-67 所示。

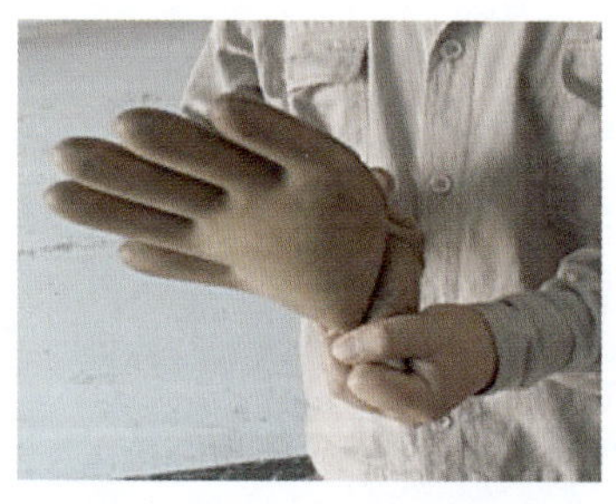

图 3-66 绝缘手套检查示意图

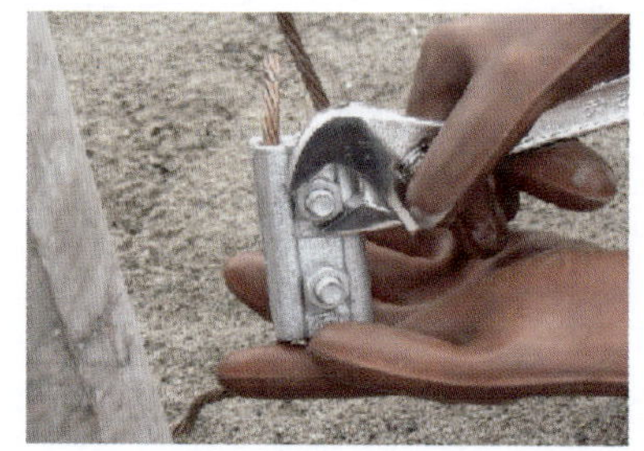

图 3-67 拆卸接地引下线

4. 测量接地电阻

(1) 选择仪器摆放位置。根据所要测的接地装置的实际情况，以及杆架式变压器的地面实际情况，选择便于测量的平整地面。

(2) 展放电流极、电压极引线。根据杆架式变压器的接地装置形式，合理布置电流极和电压极，电流极、电压极宜采用直线布置。电极布置时，应注意以下情况：

1）避免将电流极和电压极布置在接地装置的射线上方。

2）避开河流、水渠以及地下管道等，当地下有金属物体时，应布置在金属物体垂直的方向上，并要求最近的测量电极与地下管道之间的距离不小于电极之间的距离。

3）电压极、电流极必须布置在接地网以外。

（3）探针打入地中。电流极、电压极展放完后，在电压极、电流极的末端垂直将探针打入地中，打探针时应防止探针晃动，保证探针与土壤可靠接触，如图3-68所示。将探针与电极引线的接触点进行打磨。

（4）连接测试线。将电压极引线（短线）的一端接在电压极探针上，另一端接在仪器的P1端子；将电流极引线（长线）的一端接地电流极探针上，另一端接在仪器的C1端子上；将接地极引线的一端接在杆架式变压器的接地装置的接地引下线上，另一端接在P2或C2端子上（有的仪器是两个E端子或G端子），如图3-69所示。各连接点必须连接可靠、接触牢固。

（5）设置档位。测量时，将仪器的量程置于最大档位处，将滑线电阻置于最大阻值处（即10Ω处）。

（6）摇动手柄、旋转滑线变阻器。准备工作做好后，摇动接地电阻测量仪手柄，并旋转刻度盘旋钮调整检流计指针。当检流计指针指零时，刻度盘的读数小于1Ω时，将量程转到较小的档，再摇动接地电阻测量仪并旋转手柄，如读数仍小于1Ω，则再将量程转到更小的一档，直到满足要求为止。摇测时，作业人员蹲于测量仪手柄侧，左手掌根压在测量仪一角，手指控制刻度盘及档位旋钮，右手转动手柄，如图3-70所示。

图3-68 打入探针

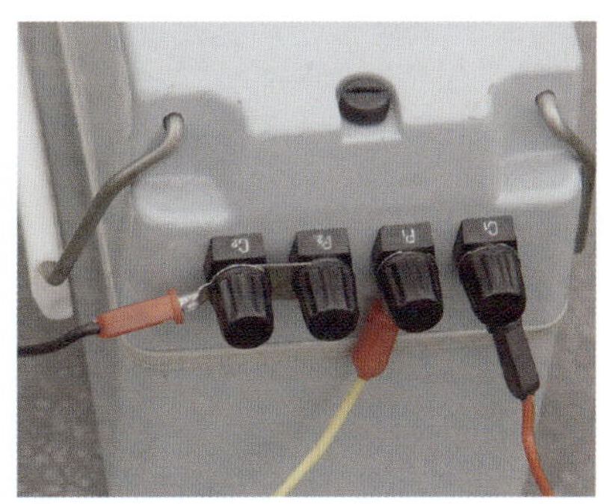

图3-69 连接测试线

图3-70 摇测接地电阻

摇动手柄时由慢到快，检流计指针快指零时，提高手柄转速，使其达到120r/min。

（7）读数。当检测计指针指零时，使地阻测量仪手柄转速保持在120r/min的状态，并使其持续时间在5s以上，这时读出刻度盘上的读数。读数时，视线应垂直于测量仪刻度盘面。

（8）记录接地电阻值。将读数值乘以档位，即为接地电阻的实测值。如读数为2.81Ω（最后一位为估计位），档位为“×10”，则实测的接地电阻为28.1Ω。

将实测的电阻值乘以季节换算系数，则为该杆架式配电变压器的实际电阻值。季节换算系数，如土壤干燥时可取1.4，土壤较为潮湿时可取1.8。

将接地电阻的值记录在预先准备好的记录簿上，记录必须准确、规范。

(9) 拆除各连接测试线。将各连接测试线拆下，并将测试线回收好（做到整齐有序），将探针取回装入专用的袋中。

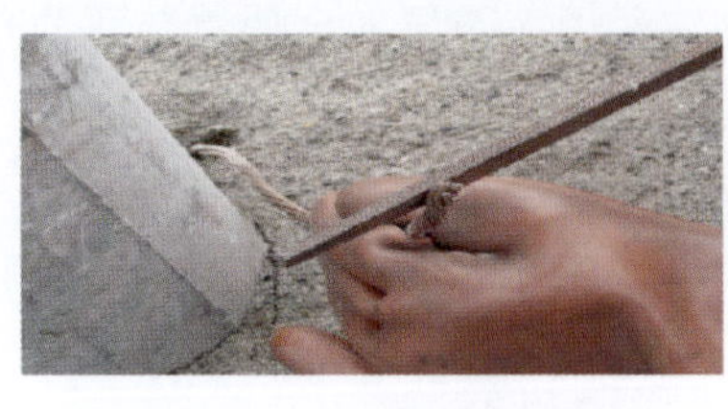

图 3-71 打磨接地引下线

(10) 恢复接地引下线。将拆开杆架式配电变压器的接地引下线恢复到拆除前的状态，要求连接可靠、牢固。恢复时，应带绝缘手套，将各连接面进行打磨，如图 3-71 所示。

(11) 清理现场。所有测试工作完成后，应对测试场地进行清理，认真检查变压器的引下线连接是否牢固，测量仪器及工器具是否全部回收并装入专用工具袋中。

3.8.3 危险点辨识及控制措施

危险点：触电伤害。

控制措施：

(1) 测量工作至少应由 2 人进行，1 人操作，1 人监护。

(2) 测量前，配电变压器应停电。

(3) 测量时，解开和恢复接地引下线，均应戴绝缘手套，严禁用手直接接触与地断开的接地线；摇动测试仪摇柄时，严禁作业人员接触接线柱、测试线、接地探针等。

3.8.4 技能考核评分细则（见表 3-9）

表 3-9 **技能考核评分细则**

<table>
<tr><td colspan="8">学号：　　　　姓名：　　　　系部：　　　　班级：</td></tr>
<tr><td colspan="8">成绩：　　　　考评员：　　　　考评组长：　　　　日期：</td></tr>
<tr><td colspan="2">技能操作模块名称</td><td colspan="6">停电测量 10kV 杆架式配电变压器接地装置接地电阻 ｜ 适用岗位 ｜ 送电线路架设工、配电线路运行及检修工 ｜ 考核时限 ｜ 30min ｜ 所用时间 ｜</td></tr>
<tr><td colspan="2" rowspan="4">需要说明的问题和要求</td><td colspan="6">1. 要求单独操作（1人辅助配合）</td></tr>
<tr><td colspan="6">2. 要求着装正确（工作服、工作鞋、安全帽、劳保手套）</td></tr>
<tr><td colspan="6">3. 工具由操作者自选，在不带电的培训配电线路铁塔操作</td></tr>
<tr><td colspan="6">4. 若测量时使用其他型号地阻仪的，必须严格按地阻仪说明书要求使用</td></tr>
<tr><td>序号</td><td>项目名称</td><td>质量要求</td><td>满分</td><td>扣分标准</td><td>扣分原因</td><td>扣分</td><td>得分</td></tr>
<tr><td>1</td><td>工具选用</td><td></td><td></td><td></td><td></td><td></td><td></td></tr>
<tr><td>1.1</td><td>个人工具</td><td>锹头、平口钳、活络扳手</td><td>2</td><td>漏一项扣2分</td><td></td><td></td><td></td></tr>
<tr><td>1.2</td><td>专用工具</td><td>ZC-8 型地阻仪全套，绝缘手套</td><td>2</td><td>漏一项扣2分，未选绝缘手套扣2分</td><td></td><td></td><td></td></tr>
<tr><td>2</td><td>测试前准备</td><td></td><td></td><td></td><td></td><td></td><td></td></tr>
<tr><td>2.1</td><td>检查地阻仪</td><td>仪表机械零位和电气零位</td><td>4</td><td>未做扣4分，后检查扣4分</td><td></td><td></td><td></td></tr>
<tr><td>2.2</td><td>检查测试线及测试棒</td><td>测试线（线体、测试线两端鳄鱼夹、接线叉）、测试棒完好，各连接处紧密</td><td>4</td><td>漏查一项扣1分</td><td></td><td></td><td></td></tr>
<tr><td>2.3</td><td>检查绝缘手套</td><td>必须合格，检查方式正确</td><td>4</td><td>未检查扣4分，方式不正确扣4分</td><td></td><td></td><td></td></tr>
<tr><td>3</td><td>拆卸接地引下线</td><td></td><td></td><td></td><td></td><td></td><td></td></tr>
<tr><td>3.1</td><td>拆卸接地引下线</td><td>戴绝缘手套、一次拆卸完全部接地引下线，打磨接触点。为缩短电力线路及设备不带接地装置的不正常运行状态时间，应待其他准备工作完成后再拆接地引下线，与 4.4 同步进行，测量结束后应尽快恢复</td><td>10</td><td>未戴绝缘手套扣10分，未拆卸全部接地引下线倒扣10分，未打磨接触点一处扣5分</td><td></td><td></td><td></td></tr>
<tr><td>4</td><td>测试地阻</td><td></td><td></td><td></td><td></td><td></td><td></td></tr>
<tr><td>4.1</td><td>测试仪选位</td><td>地面平整，测量时，测试仪不会簸动</td><td>2</td><td>不符合要求扣2分</td><td></td><td></td><td></td></tr>
</table>

续表

序号	项目名称	质量要求	满分	扣分标准	扣分原因	扣分	得分
4.2	施放测试线	横线路方向，C、P线相距大于1m（平行不得交叉）	5	不符合要求扣5分			
4.3	打入测试棒	将测试棒全部打入地、打磨接触点	4	不符合要求扣4分			
4.4	连接测试线（否决条款）	C、P、E及各连接点正确、接触良好	8	一点不符合要求扣2分，先接测试线倒扣5分，接线不正确本模块考核不合格			
4.5	设置档位	从最大档开始	5	错一次扣5分			
4.6	旋转读数盘	从最大读数处开始	5	错一次扣5分			
4.7	旋转摇柄	①由慢到快； ②直至达120r/min； ③持续5s以上	10	每一项不符合要求扣5分			
4.8	读数并做好记录	准确，记录规范	8	否则本模块考核不合格			
4.9	恢复接地引下线	拆除各点接线，恢复接地引下线： ①戴绝缘手套； ②打磨各接触点； ③螺栓连接处紧密	8	一项不合格扣3分			
5	其他要求						
5.1	操作过程	旋转度盘和摇柄配合不协调，测试仪不簸动、位移	5	不协调扣3分，簸动、位移扣2分			
5.2	着装	安全帽、工作服、工作鞋、劳保手套穿戴正确	1	漏一样扣2分			
5.3	清理现场	符合文明生产要求	1	不符合要求扣2分			
5.4	完成时间	按规定时间内完成	2	超过时间不给分，每延长2min扣1分			
6	现场提问						
6.1			5				
6.2			5				
7	合计		100		原始总分		

模块9 10kV停电线路验电、挂接地线

停电线路验电、挂接地线是输配电线路跨越架线施工、运行及维护作业中一项极为重要的工作，它对保障作业人员人身安全及设备安全起着非常重要的作用，是输配电线路作业人员的必备技能。验电时，必须使用与停电线路相同电压等级的合格验电器进行验电。验明确无电压后，应及时在指定地点挂接地线。接地线的装设应按规定进行，先装接地端、后装导线端。本模块在10kV停电培训线路上操作。

3.9.1 工作任务、安全要求和作业条件

1. 工作任务

10kV停电线路验电、挂接地线，要求1人独立完成。

2. 作业条件及安全工作要求

（1）本项工作是输配电线路施工、检修工作内容之一，作业人员应严格按验电、挂接地线的标准化作业程序进行。

（2）所使用的验电器电压等级应相符，并在带电设备上试验合格。

（3）1人操作，1人辅助，1人监护。

（4）现场作业人员应正确穿戴合格的工作服、工作鞋、安全帽和劳保手套。

（5）按工作任务要求选择工器具及材料。

（6）作业人员应具备符合本项作业要求的身体素质和技能水平，精神状态良好。

（7）必要时应在工作区范围设立标示牌或护栏。

（8）登杆前应对安全带、登杆工具进行检查和冲击试验，并对杆根、杆身、拉线进行检查，符合相应规定的要求。

（9）登杆前，应认真核对停电线路名称、杆号，看是否与工作票及派工单（作业任务单）上相符。

（10）登杆时，首先选择登杆方向，要求沿同一个方向上、下。

（11）在上下杆过程中，应正确使用登杆工具。在杆上作业，应正确使用安全带。

（12）登塔时作业人员的手应抓住主材，塔上作业及转位时不得失去安全带的保护。

（13）上杆塔后，登杆工具必须妥善放置，不得随意放置于横担上。

（14）杆塔上作业所需的工器具及材料，必须使用绳索传递，不得抛掷；在使用吊绳上下传递物件时，吊绳的两端应分别在操作者的两侧，以免吊绳在使用过程中发生缠绕。

（15）接地线应是专用的成套接地线，严禁用其他金属线作接地或短路线。

（16）禁止工作人员擅自变更工作票中指定的接地线位置，如需变更应由工作负责人征得工作签发人同意。

（17）在工作中遇有6级以上大风以及雷暴雨、冰雹、大雾、沙尘暴等恶劣天气时，应停止工作。

（18）作业人员应具备必要的安全生产知识，熟悉《国家电网公司电力安全工作规程》（电力线路部分）相关内容，并经年度考试合格。

3.9.2 作业程序

1. 工具选用

(1) 个人工具：工具包、安全带、活络扳手、扳手、锄头。

(2) 专用工具：验电器、成套接地线、绳索、登杆工具、绝缘手套等，如图 3-72 所示。

2. 安装接地线的接地极

接地棒（接地探针）用锄头打入土壤中，入土深度不小于 0.6m，接地棒打入土壤中时，应防止接地棒晃动，以保证接地棒与土壤可靠接触。接地棒打入位置应利于作业人员在挂接地线过程中，身体不触碰接地线。

接地线与接地棒的连接应可靠、牢固，如图 3-73 所示。

图 3-72 挂接地线主要工器具

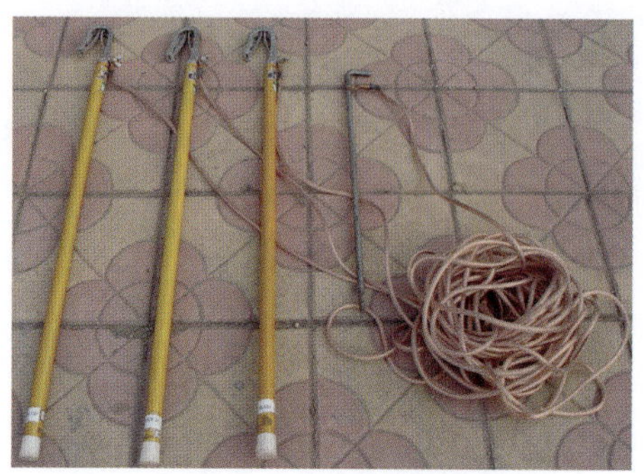

图 3-73 成套接地线

3. 检查验电器完好

在登杆前，将验电器在有电设备上进行试验，以确认其质量合格；无法在有电设备上试验时，应使用高压发生器确证验电器合格，如图 3-74 所示。

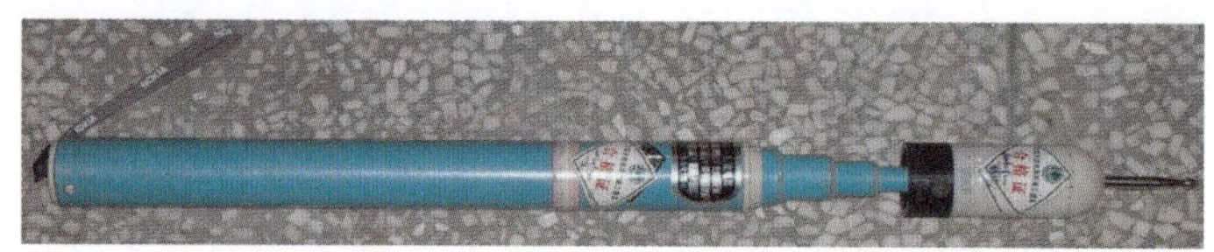

图 3-74 验电器

4. 登杆

(1) 登杆前应检查：杆根、杆身、拉线、登杆工具、安全带、吊绳等，并对登杆工具、安全带做冲击试验。

(2) 登杆动作应熟练，安全可靠。使用踩板登杆时，踩板不能出现剧烈晃动，踩板钩口不能朝下；使用脚扣登杆时，脚扣胶皮应与混凝土杆紧密接触，禁止出现登杆工具滑脱等不安全现象。上下杆应沿同一方向。

5. 验电

(1) 选择验电站位：上杆后一次进入工作点，位置正确，既便于工作，又要能保证杆上工作人员与导线间的净空距离不小于 0.7m，如图 3-75 所示。

(2) 戴绝缘手套：所用绝缘手套应在试验合格有效期内，使用前应进行检查，确证手套良好（外观无损坏，手套作充气检查完好）。

（3）验电：

1）杆下工作人员用正确使用绳结将验电器绑牢，杆上人员用吊绳将验电器吊至工作位置。

2）使用验电器前，作业人员应再次检查其声光信号正常。使用伸缩式验电器时，应将其各段绝缘杆全部拉出到位，以保证绝缘杆的有效绝缘长度；验电时，作业人员应手持验电器绝缘手柄，保证人体与导线间的安全距离。

3）将验电器应缓慢接近导线，以其声响和灯光来判断线路是否带电。线路带电时，验电器声响及灯光应同时发出；如验电器发出声响或灯光，均应视线路带电。

4）验电顺序：先验低压后验高压，先验下层后验上层，先验近侧后验远侧。禁止工作人员穿越未经验电并挂接地线的10kV及以下线路对上层线路进行验电。线路验电应逐相进行。检修联络用的断路器、隔离开关时，应在其两侧验电。

5）装设接地线：

①挂地线站位正确：杆上工作人员所选择的挂接地线的站位应便于工作，又要能保证与导线的安全距离不小于0.7m。

②挂接地线前，杆上人员应再次检查安全带的扣环是否扣牢，安全带的打法是否正确。杆下工作人员正确使用绳结将接地线绑牢，杆上人员用吊绳将接地线吊至工作位置。

③挂接地线。经验明线路确无电压后，应立即装设接地线。接地线应牢固挂设在各相导线上，挂接地线过程中作业人员应手持绝缘手柄，人体不得接触接地线。

作业人员应按导线离人体的距离由近及远逐相挂设接地线，如图3-76所示。

图3-75　验电示意图

图3-76　接地线挂设完毕

6. 拆接地线

（1）拆接地线应在该线路所有检修工作已完成，其他作业人员拆除工器具并由杆塔上撤离，经工作负责人发出命令后，方可进行。

（2）拆接地线的顺序与挂接地线的顺序相反。接地线拆离导线过程中，作业人员应保证与导线间的安全距离，手持绝缘手柄，人体不得接触接地线。接地线拆离导线后，作业人员整理接地线并用吊绳传递至地面。

7. 下杆

在拆除接地线并检查杆塔上无遗留物后，作业人员方可下杆。

8. 清理现场

将工具、接地线、验电器、高压发生器等按要求运至指定地点。

3.9.3 危险点辨识及控制措施

(1) 危险点一：人身触电。

控制措施：

1) 加强作业过程的监护。

2) 验电和装设接地线时，应正确选择站位，既便于工作，又要保证人体与导线的净空距离不小于0.7m。

3) 人体不得碰触接地线或未接地的导线。

4) 伸缩式验电器应将其绝缘长度全部伸出，以保证绝缘杆的有效绝缘长度。

5) 装设接地线时，应先装接地端，后装导线端，接地线接触良好、连接可靠。

6) 验电时禁止工作人员穿越未经验电、接地的10kV及以下线路对上层线路进行验电。

7) 验电应使用相应电压等级、合格的接触式验电器，验电器在使用前应在有电设备或高压发生器上进行试验，确认验电器良好。

(2) 危险点二：上下杆及杆上作业过程中，高处坠落。

控制措施：

1) 加强作业过程的监护。

2) 在杆上作业应系好安全带，安全带应系在混凝土杆上，严禁低挂高用。

3) 使用踩板登杆时，踩板不能出现剧烈晃动，踩板钩口不能朝下。使用脚扣登杆时，脚扣胶皮应与混凝土杆紧密接触，禁止出现登杆工具滑脱等不安全现象。

4) 登杆前，应检查登杆工具及安全带是否牢固可靠，检查杆身、杆根、拉线及杆的埋深有无问题。

5) 杆上作业时应正确使用安全带。

(3) 危险点三：作业过程中，高处坠物伤人。

控制措施：

1) 作业前，应设立安全围栏及警示牌，防止非作业人员进入。杆上作业人员的工具应装入工具袋，防止坠物。

2) 地面工作人员应正确佩戴安全帽，正确使用绳结，拴牢接地线和验电器；拴好后，应立即离开杆上作业点垂直下方2m以外。

3) 杆上作业人员待地面人员离开危险区域后，方可起吊材料。

4) 杆上作业人员应使用绳索传递验电器及接地线，严禁抛掷。

5) 作业过程中，杆上人员不应失去监护。

3.9.4 技能考核评分细则（见表3-10）

表 3-10 技能考核评分细则

学号：		姓名：		系部：	班级：		
成绩：		考评员：		考评组长：	日期：		
技能操作模块名称		10kV 停电线路验电、挂接地线	适用岗位	送电线路架设工、配电线路检修工	考核时限 20min	使用时间	
需要说明的问题和要求		1. 要求单独操作（1 人辅助工地面配合） 2. 要求着装正确（工作服、工作鞋、安全帽、劳保手套） 3. 工具由操作者自选，在实训基地 10kV 培训线路上进行					
序号	项目名称	质量要求	满分	扣分标准	扣分原因	扣分	得分
1	工具选用						
1.1	个人工具	工具包、活络扳手、锄头	2	不带扣 2 分			
1.2	专用工具	验电笔、接地线、安全带、绳索、登杆工具、绝缘手套等	5	缺一项扣 2 分			
2	登杆前准备						
2.1	登杆前检查	对使用的工具逐样检查，并对所登混凝土杆及拉线进行检查	8	一项未检查检查扣 2 分			
2.2	安装接地线的接地极	连接点牢固、接地棒全部打入地	5	一样不符合要求扣 5 分			
2.3	登杆及下杆	①正确选择登杆方向； ②上下杆动作正确且无危险现象	10	视情况扣 1～10 分 出现危险动作立即终止考试，本模块考核不合格			
3	验电						
3.1	验电站位正确（否决条款）	宜工作且保证安全距离	10	安全距离不够本模块考核不合格			
3.2	戴绝缘手套	必须使用绝缘手套	5	未使用扣 5 分			
3.3	验电	方式和顺序正确	10	一次不正确扣 5 分			
4	挂地线						
4.1	挂地线站位正确	①宜工作且保证安全距离； ②正确使用安全带	10	①工作位置不正确扣 5 分； ②安全带使用不正确扣 5 分			
4.2	挂地线	操作顺序正确且人体不能触碰接地线	10	顺序不正确扣 10 分，人体接触接地线一次扣 10 分			
5	其他要求						
5.1	工器具传递	①杆上不得掉东西； ②正确使用绳结； ③吊绳不得缠绕	6	一项不正确扣 3 分			
5.2	着装	穿戴安全帽、工作服、工作鞋、劳保手套正确	2	漏一项扣 2 分			
5.3	清理现场	符合安全文明生产要求	5	未清理扣 5 分			
5.4	完成时间	规定时间内按要求完成	2	超过时间不给分，每延长 2min 扣 1 分			
6	现场提问						
6.1			5				
6.2			5				
7	合计		100		原始总分		

模块 10　10kV 直线单杆塔头安装

配电线路主要由基础、杆塔、导线、金具、绝缘子、拉线、接地装置等构成。架空配电线路的杆塔按材料可分为钢筋混凝土电杆（混凝土杆）、钢管杆、铁塔等类型；按用途可分为直线杆、耐张杆、终端杆、转角杆、分支杆等杆型。直线杆主要用于线路直线段中以支持导线，在正常运行情况下，直线杆一般不承受顺线路方向的张力而仅承受垂直荷载（如导线、金具、绝缘子自重）以及水平荷载（如风荷载），只有在事故如发生断线时，直线杆才承受相邻两档导线的不平衡张力。

直线杆塔头安装的材料：横担、杆顶抱箍、针式绝缘子（瓷瓶）或瓷质棒式绝缘子（瓷棒），以螺栓连接的方式进行安装。直线杆塔头安装是配电线路施工及检修工作的主要内容之一，是配电线路工必需具备的基本技能。

3.10.1　工作任务、安全要求和作业条件

1. 工作任务

10kV 直线单杆塔头安装（包括横担、杆顶抱箍及瓷质棒式绝缘子安装）。

2. 作业条件及安全工作要求

（1）本项工作是配电线路检修工作内容之一，应按标准化作业程序进行。

（2）1 人操作，1 人辅助，1 人监护。

（3）现场作业人员应正确穿戴合格的工作服、工作鞋、安全帽和劳保手套。

（4）按工作任务要求选择工器具及材料。

（5）作业人员应具备符合本项作业要求的身体素质和技能水平，精神状态良好。

（6）必要时应在工作区范围设立标示牌或护栏。

（7）登杆前应对安全带、登杆工具进行检查和冲击试验，并对杆根、杆身、拉线进行检查，符合相应规定的要求。

（8）登杆塔前，应认真核对停电线路名称、杆号，看是否与工作票及派工单（作业任务单）上相符。

（9）登杆时，首先选择登杆方向，要求沿同一个方向上、下。

（10）在上下杆过程中，应正确使用登杆工具。在杆上作业，应正确使用安全带。

（11）上杆塔后，登杆工具必须妥善放置，不得随意放置于横担上。

（12）杆塔上作业所需的工器具及材料，必须使用绳索传递，不得抛掷；在使用吊绳上下传递物件时，吊绳的两端应分别在操作者的两侧，以免吊绳在使用过程中发生缠绕。

（13）在工作中遇有 6 级以上大风以及雷暴雨、冰雹、大雾、沙尘暴等恶劣天气时，应停止工作。

（14）作业人员应具备必要的安全生产知识，熟悉《国家电网公司电力安全工作规程》（电力线路部分）相关内容，并经年度考试合格。

3.10.2　作业程序

1. 工具准备

（1）个人工具：工具包、活络扳手两把、记号笔、钢卷尺。

（2）专用工具：吊绳一根、登杆工具、安全带，如图 3-77 所示。

2. 材料准备

选择与设计相符的横担、杆顶抱箍、瓷质棒式绝缘子（两边相及一中相瓷棒）等材料，如图3-78所示。

图3-77　工器具

3. 登杆前检查

（1）检查基础、杆根、杆身及拉线：混凝土杆埋深是否符合设计规范要求，拉线是否正常，混凝土杆是否倾斜，如图3-79（a）所示。

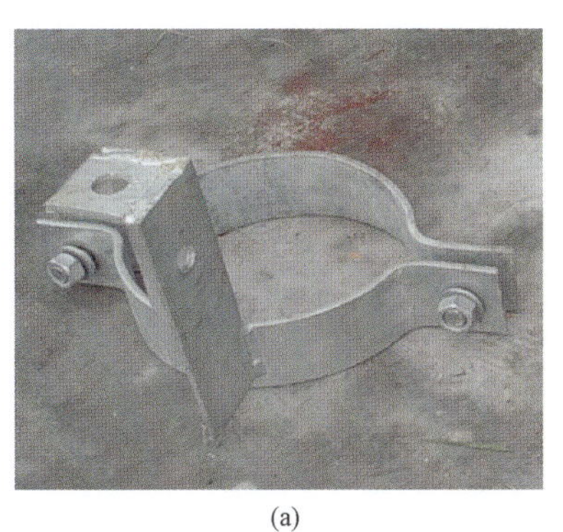

(a)

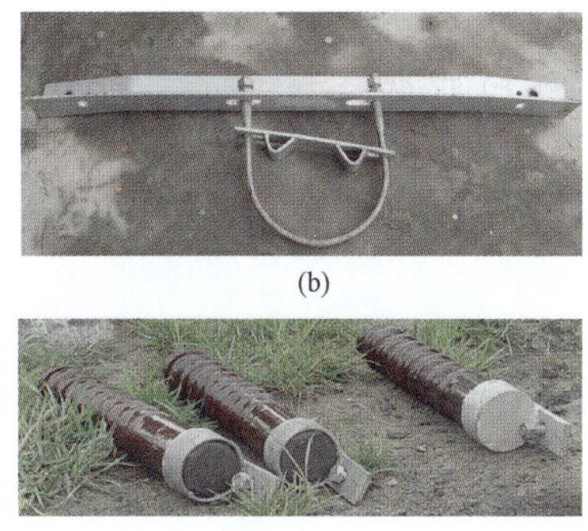

(b)

(c)

图3-78　塔头安装主要材料

（a）杆顶抱箍；（b）横担；（c）瓷质棒式绝缘子

（2）吊绳检查：是否断股，有无严重磨损，如图3-79（d）所示。

(a)

(b)

(c)

(d)

(e)

图3-79　登杆前检查

（a）检查混凝土杆；（b）检查安全带；（c）检查踩板；（d）检查吊绳；（e）冲击试验

（3）登杆工具及安全带检查：检查脚扣或踩板及安全带合格证是否在有效期内，脚扣有无变形，踩板木质部分有无裂纹、踩板绳有无磨损断股、心形环是否完好，如图3-79（b）、（c）所示。

（4）登杆前对登杆工具和安全带做冲击试验。登杆工具作冲击试验时，离地面的高度一般不超过300mm。对安全带作冲击试验时，人应站在登杆工具上，以模拟实际工作状态，如图3-79（e）所示。

4. 上下杆

（1）登杆动作应熟练，安全可靠。不能出现摇晃，踩板钩口不能朝下，脚扣应与混凝土杆紧密接触，禁止出现登杆工具滑脱等不安全现象。

（2）上下杆应沿同一方向，上杆后一次进入工作点，位置正确，并正确使用安全带和吊绳。

5. 塔头安装

塔头安装顺序：地面组装横担、吊上并安装横担、吊上并安装杆顶抱箍、分别吊上中相及两边相瓷棒并安装在杆顶抱箍及横担上，如图3-80所示。

(a)

(b)

(c)

(d)

图3-80 塔头安装图
（a）安装横担；（b）安装杆顶抱箍；（c）安装中相瓷棒；（d）安装边相瓷棒

（1）地面材料组装。杆顶抱箍及中相瓷棒、横担的组装应正确，螺栓穿向应符合规范要求。

（2）材料传递：杆下配合人员应正确使用绳结，将材料拴牢，如图3-81所示。

（3）杆上人员在提升材料的过程中，应使材料与杆身保持一定距离，以防材料损伤；传递材料时吊绳提升端与放下端不能位于作业人员同侧，以防止出现吊绳缠绕。

（4）横担安装时，应使其与线路方向垂直，横担距杆顶距离符合设计要求，横担两端应处于同一水平线上，U型抱箍应从送电侧穿入并用双螺母并紧；横担应安装在混凝土杆的受电侧。

（5）杆顶抱箍安装位置（抱箍上沿）距杆顶50mm，安装好的杆顶抱箍应保证瓷质棒式绝缘子的顶槽与线路方向平行。

（6）瓷棒安装应紧固。横担上的瓷棒安装好后，应使瓷棒中心轴线与横担平行。

3.10.3 危险点辨识及控制措施

（1）危险点一：上下杆和杆上作业过程中，高处坠落。

控制措施：

1）加强作业过程的监护。

2）在杆上作业时应系好安全带，安全带应系在混凝土杆上，严禁低挂高用。

3）踩板登杆过程中，作业人员不能出现剧烈摇晃，踩板钩口不能朝下；脚扣胶皮应与混凝土杆紧密接触，严防出现登杆工具滑脱等不安全现象。

4）登杆前，应检查登杆工具及安全带是否牢固可靠，检查杆根、混凝土杆埋深及拉线有无问题。

（2）危险点二：作业过程中，高处坠物伤人。

控制措施：

1）杆上作业人员的工具及零星材料应装入工具袋，防止坠物。

2）地面工作人员应正确佩戴安全帽，正确使用绳结，拴牢材料；拴、收材料工具时，应离开杆上作业点垂直下方 2m 以外，防止高处坠物伤人。

3）杆上作业人员应使用绳索传递材料，严禁抛掷。

4）作业过程中，杆上人员不应失去监护。

图 3-81 材料传递图

3.10.4 技能考核评分细则（见表 3-11）

表 3-11

技能考核评分细则

学号：	姓名：	系部：	班级：
成绩：	考评员：	考评组长：	日期：

技能操作模块名称	10kV 直线单杆塔头安装	适用岗位	送电线路架设工、配电线路检修工	考核时限	30min	使用时间	

需要说明的问题和要求	
	1. 要求单独操作（地面 1 人辅助工配合）
	2. 要求着装正确（工作服、工作鞋、安全帽、劳保手套）
	3. 工具及材料由操作者自选，在实训基地 10kV 混凝土杆上进行

序号	项目名称	质 量 要 求	满分	扣 分 标 准	扣分原因	扣分	得分
1	工具选用						
1.1	个人工具	活络扳手 2 把，钢卷尺，工具包	1	漏一项扣 1 分			
1.2	专用工具	吊绳、脚扣、踩板、安全带	1	漏一项扣 1 分			
2	材料准备						
2.1	选取横担及附件并检查	按 ϕ190 杆顶正确选配，且合格	2	错一件扣 2 分			
3	登杆前检查						
3.1	杆根检查	检查过程认真、完整	1	不检查扣 2 分			
3.2	绳索检查	检查过程认真、完整	1	不检查扣 2 分			
3.3	安全带检查	检查过程认真、完整	1	不检查扣 2 分			
3.4	踩板或脚扣检查	检查过程认真、完整	1	不检查扣 2 分			
4	上、下杆（否决条款）	上下杆动作正确，无不安全因素		上下杆有危险动作本模块考核不合格			
4.1	上、下杆路线	沿同一方向	5	不正确扣 5 分			
4.2	上、下杆基本功	考生可任意选择一种登杆方式					
4.2.1	升降板登杆	4.2.1 内容中绳（子）均指升降板绳，未特指均指两根绳					
4.2.1.1	挂板、上板、挂上板	①左手握绳、右手持钩、钩口朝上挂板； ②右手收紧（围杆）绳子，两脚上板，左腿绞紧左边绳； ③挂上板（方法同①）	2	一项不正确扣 1 分			

续表

序号	项目名称	质量要求	满分	扣分标准	扣分原因	扣分	得分
4.2.1.2	上上板	①右手抓紧上板两根绳子，左手压紧踩板左端部，抽出左脚踩在板上； ②右脚上上板，左脚蹬在杆上，左大腿靠近升降板，右腿膝肘部挂紧绳子； ③侧身、右手握住下板钩下100mm左右处绳子，脱钩取板，左脚上板	5	一项不正确扣2分			
4.2.2	脚扣登杆						
4.2.2.1	调整脚扣皮带	松紧适度	2	不正确扣2分			
4.2.2.2	登杆	①抬脚使脚扣平面（金属杆圆弧面）与杆身成90°，脚扣叩杆、脚背外翻挂实，下蹬； ②另一只脚上抬松脱脚扣，向上登杆，方法同①； ③注意调整脚扣尺寸，与混凝土杆直径配合，使脚扣胶皮面与混凝土杆接触可靠； ④双手扶杆，重心稍向后，动作正确	5	一项不正确扣2分			
4.2.3	升降板下杆						
4.2.3.1	挂下板	①左手握绳、右手持钩、钩口朝上，在大腿部对应杆身上挂板； ②右手握上板绳，抽出左腿，侧身、左手压踩板左端部，左脚蹬在混凝土杆上，右腿膝肘部挂紧绳子并向外顶出，上板靠近左大腿。左手松出，在下板挂钩100mm左右处握住绳子，左右摇动使其围杆下落，同时左脚下滑至适当位置蹬杆，定住下板绳（钩口朝上）	2	一项不正确扣2分			
4.2.3.2	下下板	左手握住上板左边绳（右手握绳处下），右手松出左边绳、只握右边绳，双手下滑，同时右脚下上板、踩下板，左腿绞紧左边绳、踩下板	2	不正确扣2分			
4.2.3.3	取上板	左手扶杆，右手握住上板，向上晃动松下上板。挂下板，同4.2.3.1	2	不正确扣2分			

续表

序号	项目名称	质量要求	满分	扣分标准	扣分原因	扣分	得分
4.2.4	脚扣下杆	①抬脚使脚扣平面（金属杆圆弧面）与杆身成90°，脚扣叩杆、脚背外翻挂实，下蹬； ②另一只脚上抬松脱脚扣，下杆，方法同①； ③注意调整脚扣尺寸，与混凝土杆直径配合，使脚扣胶皮面与混凝土杆接触可靠； ④双手扶杆，重心稍向后，动作正确	6	一项不正确扣2分			
4.3	进入工作位置	①上杆后一次进入工作位置动作正确； ②安全带使用正确； ③脚扣不得交叉； ④踩板钩口朝上	5	一项不正确扣5分			
4.4	工器具传递	工具、材料应用绳索传递，正确使用绳结，不得出现缠绕、死结	8	一次不正确扣3分			
4.5	着地规范	动作正确，无危险现象	1	不正确扣2分			
5	塔头安装						
5.1	杆顶抱箍及瓷棒安装	①杆顶抱箍安装距杆顶50mm； ②位置、方向正确； ③瓷棒选用正确	8	抱箍不正扣3分，瓷棒不紧、歪斜扣2分，瓷棒选错扣3分			
5.2	横担及瓷棒安装	横担U型螺栓中心距杆顶抱箍锁口螺栓中心0.8m，要求位置、方向正确平正，U型螺栓戴双螺帽	14	横担不平、不正、不紧、位置不正确各扣3分，瓷棒不紧、歪斜各扣3分，未戴双螺帽扣3分			
6	其他要求						
6.1	操作动作	无危险动作	10	有危险动作一次扣10分			
6.2	着装	工作服、工作鞋、安全帽、劳保手套穿戴正确	5	每漏一项扣2分			
6.3	杆上工作	杆上工作时不得掉东西，禁止口中含物，禁止浮置物品	8	掉一件材料扣5分、掉一件工具倒扣5分、口中含物扣2分，浮置物品扣4分			
6.4	清理工作现场	符合文明生产要求	3	未清理现场扣3分			
6.5	在规定时间完成	按要求完成	2	超过时间不给分，每延长2min倒扣1分			
7	现场提问						
7.1			5				
7.2			5				
8	合计		100		原始总分		

模块11　LGJ-50导线钳压法接续

输配电线路架线施工和检修更换导线作业过程中，导线的连接是其中一项关键工序，“导线接续”属于隐蔽工程。导线的接续工艺是每一个线路作业人员必须了解的技能，应懂得该项作业的标准化作业程序和导线接续的质量要求，以保证线路的可靠运行，确保安全供电。导线的接续按接续方式可分为钳压连接、爆压连接、液压连接、插接、绑扎等，本模块介绍LGJ-50导线的钳压连接。

3.11.1　工作任务、安全要求和作业条件

1. 工作任务

根据现场实际情况，使用液压钳完成LGJ-50导线接续操作。

2. 作业条件及安全工作要求

（1）本项工作是输配电线路施工、检修工作内容之一，要求按照标准化作业程序操作。

（2）1人操作，2人辅助。

（3）现场作业人员应正确穿戴合格的工作服、工作鞋、安全帽和劳保手套。

（4）按工作任务要求选择工器具及材料。

（5）作业人员应具备符合本项作业要求的身体素质和技能水平，精神状态良好。

（6）必要时应在工作区范围设立标示牌或护栏。

（7）在工作中遇有6级以上大风以及雷暴雨、冰雹、大雾、沙尘暴等恶劣天气时，应停止工作。

（8）作业人员应具备必要的安全生产知识，熟悉《国家电网公司电力安全工作规程》（电力线路部分）相关内容，并经年度考试合格。

3.11.2　作业程序

1. 工具

（1）个人工具：记号笔、钢卷尺、平口钳、木锤（或橡胶锤）。

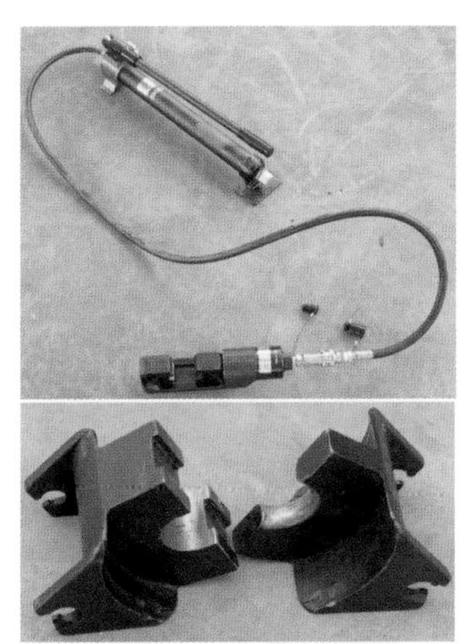

图3-82　液压泵、钳压管、压模（钢模）

（2）专用工具：游标卡尺、细钢丝刷、捅条、棉纱、HP-700A手摇式液压泵、EP-610HS2导线钳压管压接钳、LGJ-50压模，如图3-82所示。

2. 材料

LGJ-50钢芯铝绞线、JT-50压接管（见图3-83）、细铁线、汽油、中性凡士林、红丹。

3. 划印、截线、清污、穿管

（1）钳压管划印：两侧压坑划印应从一侧管口量出，能正确使用游标卡尺，划印尺寸应准确。

（2）截线：导线应校直后在端头扎线，用细铁线在开断处两侧扎线。必须先扎紧再截断，以防止导线散股。

图3-83　压接管及垫片

（3）除污垢：用细钢丝刷、捅条、汽油等清洗导线、压接管内壁、垫片的污垢。导线的清洗长度应是压接管长度的1.5倍，清洗后应对导线、垫片、压接管内壁逐一涂抹中性凡士林。

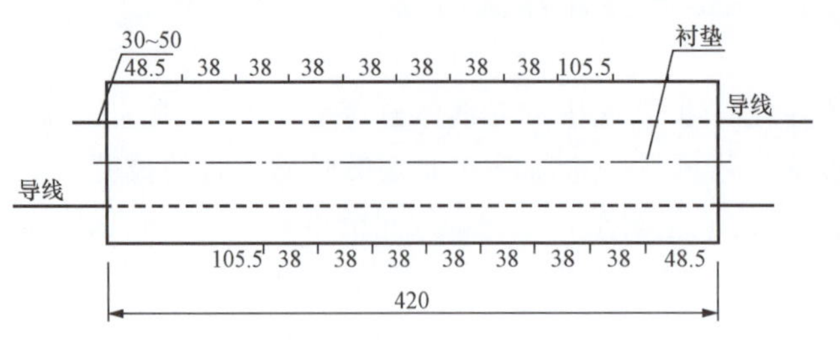

图3-84 钳压管划印及穿管示意图

（4）穿管：穿管后导线端头应露出管口30～50mm，导线之间加垫片，如图3-84所示。穿管前应将线头上扎线解掉，穿管后再用细铁线将线头扎紧，正负线不得穿反，如图3-85所示。

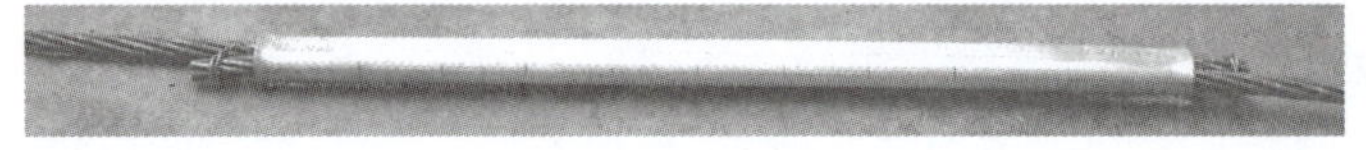

图3-85 穿管实物图

4. 钳压操作

（1）将HP-700A手摇式液压泵和EP-610HS2导线钳压管压接钳连接。

（2）选择LGJ-50导线对应型号之压模，将凹、凸模正确安装在压接钳上（凸模应安装在施压侧），如图3-86所示。

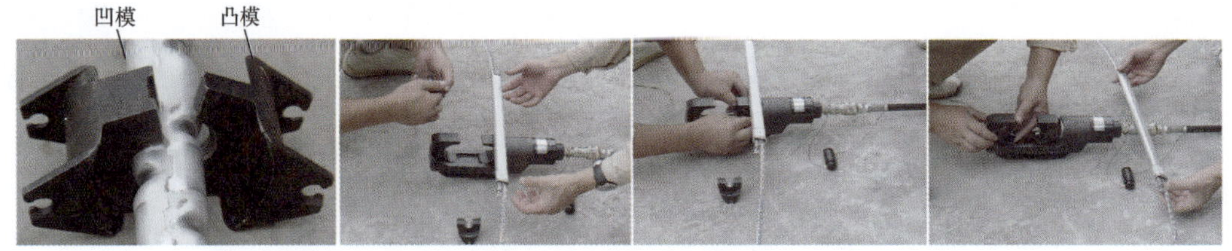

图3-86 钳压器的凹凸模安装图

LG3-50导线钳压连接划印示意如图3-87所示，尺寸见表3-12。

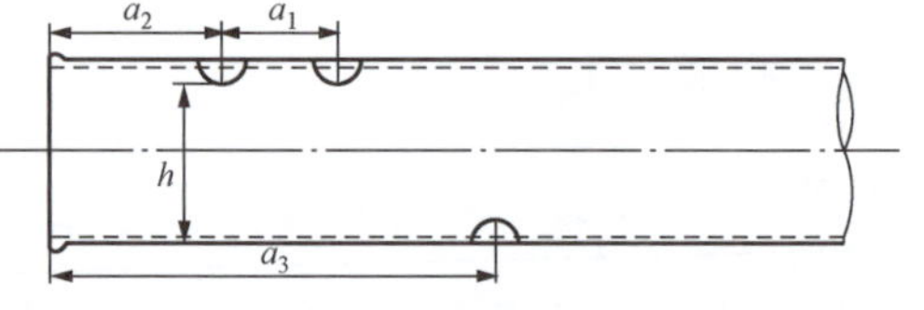

图3-87 LGJ-50导线钳压连接划印示意图

（3）按压接顺序图标注的压接顺序操作，必须从中间向两端压接，如图3-88、图3-89所示。

表3-12 LGJ-50导线钳压连接尺寸表

导线型号	图号	钳压部位尺寸（mm）			钳压处高度 h（mm）	钳压次数
		a_1	a_2	a_3		
LGJ-50	图3-87	38	48.5	105.5	20.5	16

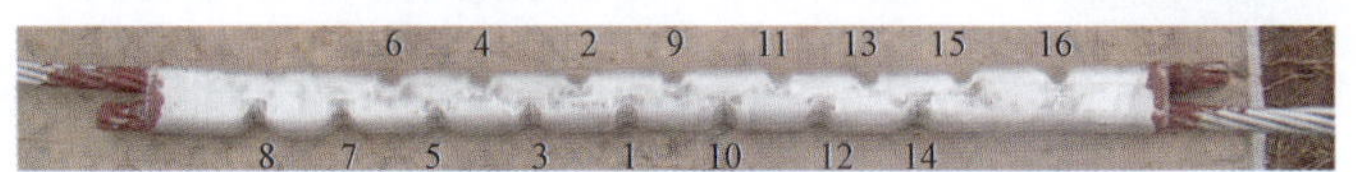

图3-88 LGJ-50导线钳压顺序图

（4）先将手摇式液压泵阀门沿顺时针方向拧紧，沿上下方向摇动手柄，压模对准被压凹槽划印处压至适当位置，然后沿反时针方向松开阀门，压模会自动退出，此时应将钳压管翻面，对相邻的印记压接，压完为止。

（5）每压好一模，应用游标卡尺检查压痕深度是否符合规范要求。

（6）依序钳压结束后，若导线接头外观不平直，可将导线接头至于木板上，用木锤（或橡胶锤）轻锤调直，如图 3 - 90 所示。

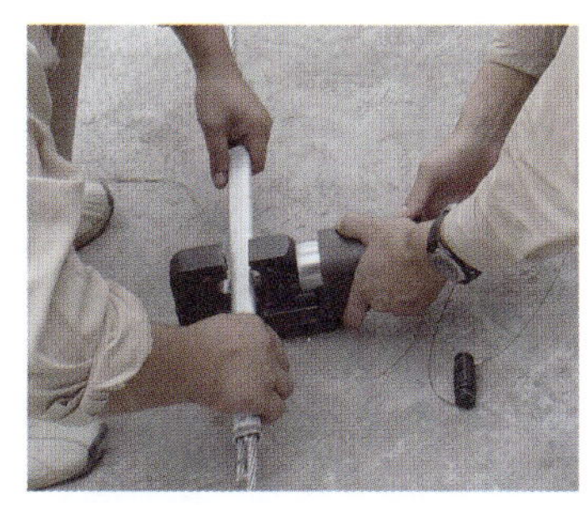

图 3 - 89　钳压第一模

图 3 - 90　导线接头调直

5. 压后检查

（1）导线端头露出压接管口应不小于 20mm。

（2）压接管弯曲度小于 2%，无裂纹；如弯曲度大于 2%，应用木锤将其校直。

（3）管端导线不得出现灯笼，抽筋。

（4）为防止水浸入压接管内，两端管口应朝上后再涂防锈漆（红丹）。

（5）检查凹径尺寸，应符合规范要求，并作好记录。

（6）检查压坑之间的距离，坑与坑之间的距离应相等，如图 3 - 91 所示。

6. 其他要求

（1）正负线不能穿反，否则本模块考核不合格。

（2）整理工器具，按文明生产要求清理现场。

3.11.3　危险点辨识及控制措施

危险点：清洗用汽油燃烧。

控制措施：清洗用汽油应远离明火，作业现场不得吸烟。

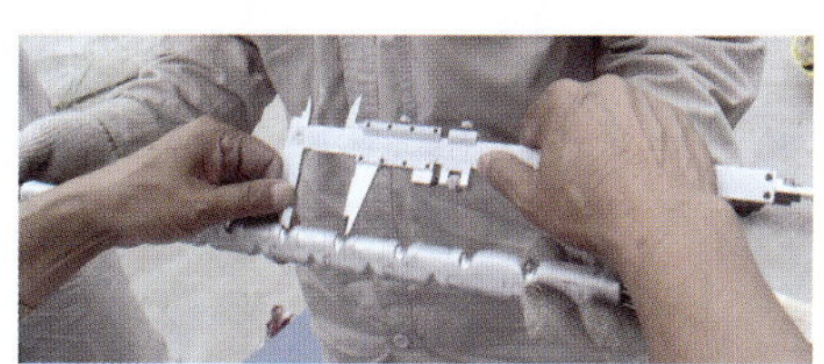

图 3 - 91　检查压坑间距

3.11.4　技能考核评分细则（见表 3 - 13）

表 3-13 **技能考核评分细则**

学号：	姓名：	系部：	班级：				
成绩：	考评员：	考评组长：	日期：				
技能操作模块名称	LGJ-50 导线钳压法接续	适用岗位	送电线路架设工、配电线路检修工	考核时限	40min	使用时间	
需要说明的问题和要求	1. 操作者在地面独立完成（2 人辅助工配合）						
	2. 在实训场地进行操作						
	3. 自选导线型号、钳压器和模板，具体考核时由考评小组决定。本模块细则编写是按 LGJ-50 导线钳压连接选择所需的工器具及材料： ①钳压器与模板：HP-700A 手摇式液压泵、EP-610HS2 导线钳压管压接钳，LGJ-50 压模； ②导线 LGJ-50，压接管 JT-50； ③细铁线、中性凡士林、汽油、游标卡尺、钢卷尺、木锤（或橡胶锤）、木板、记号笔、棉纱、捅条、细钢丝刷						
序号	项目名称	质量要求	满分	扣分标准	扣分原因	扣分	得分
1	材料工具准备						
1.1	压模选择	LGJ-50	2	压膜选择错误扣 2 分			
1.2	压管型号选择	JT-50	2	压管选择错误扣 2 分			
1.3	其他材料工具齐备	按上述“说明的问题和要求”中第 3 项所列工器具及材料准备	6	材料工具选择错误、漏一件扣 2 分			
2	截线、清污、划印、穿管						
2.1	导线端头扎线	用细铁线在开断处两侧扎线	2	端头未扎线扣 2 分，脱线扣 2 分			
2.2	除污垢	①导线、管内壁除污垢； ②用钢丝刷、捅条、汽油清洗	6	1 件未除污扣 2 分，未满足质量要求扣 4 分			
2.3	钳压管划印	见附图	8	划印不正确本模块考核不合格			
2.4	涂中性凡士林	铝质接触处涂中性凡士林	2	未涂凡士林扣 2 分			

续表

序号	项目名称	质量要求	满分	扣分标准	扣分原因	扣分	得分
2.5	穿管	穿管后导线露出管口30～50mm，导线之间加垫片	5	不到位扣5分，未加垫片本模块考核不合格			
3	钳压操作						
3.1	压接顺序	从中间向两端压接	10	压接顺序错误扣10分			
3.2	压接尺寸	按压接尺寸位置压痕、压16模	15	一模不符合要求扣2分			
4	压后检查记录						
4.1	外观检查	端头露出大于20mm	5	小于20mm扣5分			
		弯曲小于2%，无裂纹	10	弯曲大于2%扣5分，有裂纹扣5分			
		管端导线不出现灯笼、抽筋	5	有灯笼或抽筋扣5分			
		出口外露处涂防锈漆（红丹）	2	未涂防锈漆（红丹）扣2分			
		检查凹径尺寸并记录（凹径尺寸：20.5+0.5mm）	3	凹径尺寸超标扣3分			
5	其他要求						
5.1	正负线位置	正负线不得反穿		穿反即视为本模块考核不合格			
5.2	清理现场	符合文明生产要求	3	未清理现场扣3分			
5.3	着装	工作服、工作鞋、安全帽、手套穿戴正确	2	漏一项扣2分			
5.4	完成时间	按时完成	2	超过时间不得分，每超过2min扣1分			
6	现场提问						
6.1			5				
6.2			5				
7	合计		100		原始总分		

模块 12　10kV 直线杆瓷棒、针式绝缘子上导线绑扎

10kV 直线杆瓷棒、针式绝缘子导线绑扎是配电线路检修工作中常见的工作之一。配电线路的导线在瓷棒、针式绝缘子上的固定，一般采用绑线缠绕法。绑扎完后，扎线应形成双十字。绑扎时，扎线与导线及绝缘子应紧密结合，防止松动。培训作业时，为便于指导和检查，在导线距离地面 2～3m 高的模拟线路上进行。

3.12.1　工作任务、安全要求和作业条件

1. 工作任务

10kV 直线杆瓷棒、针式绝缘子上导线绑扎，要求 1 人独立完成。

2. 作业条件及安全工作要求

（1）本项工作是配电线路施工、检修工作内容之一，要求作业人员按照标准化作业要求操作。

（2）1 人操作，1 人辅助，1 人监护。

（3）现场作业人员应正确穿戴合格的工作服、工作鞋、安全帽和劳保手套。

（4）按工作任务要求选择工器具及材料。

（5）作业人员应具备符合本项作业要求的身体素质和技能水平，精神状态良好。

（6）必要时应在工作区范围设立标示牌或护栏。

（7）登杆前应对安全带、登杆工具进行检查和冲击试验，并对杆根、杆身、拉线进行检查，符合相应规定的要求。

（8）登杆塔前，应认真核对停电线路名称、杆号，看是否与工作票及派工单（作业任务单）上相符。

（9）登杆时，首先选择登杆方向，要求沿同一个方向上、下。

（10）在上下杆过程中，应正确使用登杆工具。在杆上作业，应正确使用安全带。

（11）上杆塔后，登杆工具必须妥善放置，不得随意放置于横担上。

（12）杆塔上作业所需的工器具及材料，必须使用绳索传递，不得抛掷；在使用吊绳上下传递物件时，吊绳的两端应分别在操作者的两侧，以免吊绳在使用过程中发生缠绕。

（13）在工作中遇有 6 级以上大风以及雷暴雨、冰雹、大雾、沙尘暴等恶劣天气时，应停止工作。

（14）作业人员应具备必要的安全生产知识，熟悉《国家电网公司电力安全工作规程》（电力线路部分）相关内容，并经年度考试合格。

图 3-92　架扎线于瓶颈

3.12.2　作业程序

1. 工具及材料选用

（1）个人工具：平口钳。

（2）扎线：扎线大于导线单股一个规格，且扎线的材质与导线相同，即铝线或钢芯铝绞线用铝线绑扎，以防电化腐蚀。应将扎线两端分别盘成圈，如图 3-92 所示。

2. 扎线

（1）架扎线：顺导线外层绕制方向，将扎线中点架在导线上。

（2）瓶颈缠绕：扎线绕过导线，两端缠绕方向一致，如图 3-92 所示。

（3）二次架线：绕过导线提起，架成双十字。

（4）二次瓶颈缠绕：①扎线再绕过导线，两端缠绕方向一致；②且扎线不得交叉互压，如图 3-93 所示。

（5）缠绕导线：绕过导线提起，在导线上每端绕 8 圈半，紧密无缝隙，如图 3-94 所示。

图 3-93　二次架线、瓶颈缠绕

图 3-94　扎线在导线上缠绕

（6）扎线头处理：扎线头长 10mm，与导线成 90°，回头与扎线贴平，如图 3-95（a）所示。

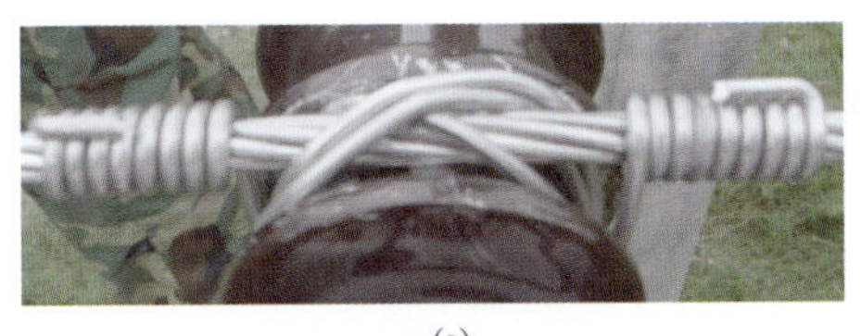

(a)

(b)

(c)

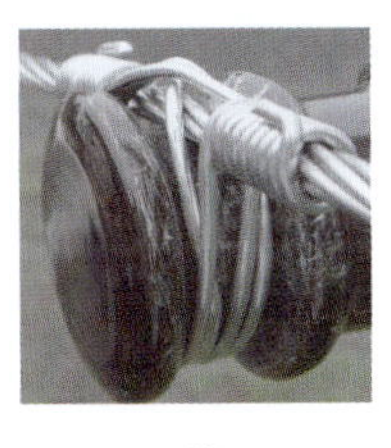

(d)

图 3-95　瓷棒导线绑扎各方视图

（a）顶面视图；（b）左面视图；（c）底面视图；（d）右面视图

3. 针式绝缘子导线绑扎

方法同上，示意图如图 3-96 所示。

3.12.3　危险点辨识及控制措施

（1）危险点一：上下杆和杆上作业过程中，高处坠落。

控制措施：

1）作业人员登杆前，应仔细检查杆根、杆身、（临时）拉线等，防止登杆作业过程中因

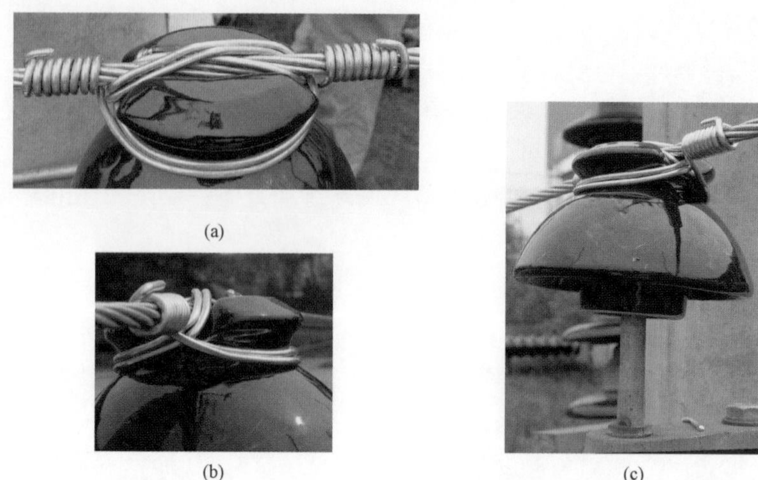

图 3-96 针式绝缘子导线绑扎各方视图

(a) 顶面视图；(b) 左面视图；(c) 右面视图

倒杆而坠落。

2）使用脚扣（或踩板）登杆工具应与杆身接触紧密，防止工具滑脱而坠落。

3）使用脚扣上下杆过程中，以及杆上作业时不得失去安全带保护。

4）加强作业过程的监护。

(2) 危险点二：作业过程中，高处坠物伤人。

控制措施：杆上作业人员的工具及零星材料应装入工具袋，防止坠物；杆下作业人员应正确佩戴安全帽，距离杆上作业点垂直下方 2m 以外。

3.12.4 技能考核评分细则（见表 3-14）

表 3-14

技能考核评分细则

学号：		姓名：		系部：	班级：		
成绩：		考评员：		考评组长：	日期：		
技能操作模块名称		10kV 直线杆瓷棒、针式绝缘子上的导线绑扎	适用岗位	送电线路架设工、配电线路检修工	考核时限	10min	使用时限
需要说明的问题和要求		1. 要求单独操作（在地面进行）					
		2. 要求着装正确（工作服、工作鞋、安全帽、劳保手套）					
		3. 工具及材料由操作者自选，在培训场地进行					
序号	项目名称	质　量　要　求	满分	扣　分　标　准	扣分原因	扣分	得分
1	工具选用						
1.1	个人工具	平口钳	3	选错扣 3 分			
2	材料准备						
2.1	选取扎线	①扎线大于导线单股一个规格； ②并将扎线两端分别盘成圈	5	选错扣 5 分，未按要求准备扎线扣 5 分			
3	扎线						
3.1	架扎线	顺导线外层绕制方向，将扎线中点架在导线上	12	架线不正确扣 15 分			
3.2	平颈缠绕	扎线绕过导线，两端缠绕方向一致	10	不正确扣 10 分			
3.3	二次架线	绕过导线提起，架成双十字	10	不正确扣 10 分			
3.4	二次平颈缠绕	①扎线再绕过导线，两端缠绕方向一致； ②且扎线不得交叉互压	15	一项不正确扣 10 分			
3.5	缠绕导线	绕过导线提起，在导线上每端绕 8 圈半，紧密无缝隙	10	缠绕导线圈数不够扣 5 分，不紧密扣 5 分			
3.6	扎线头处理	扎线头长 10mm，与导线成 90°，回头与扎线贴平	10	不正确扣 10 分			
4	其他要求						
4.1	清理工作现场	符合文明生产要求	5	未清理现场扣 3 分			
4.2	着装	工作服、工作鞋、安全帽、劳保手套穿戴正确	5	漏一项扣 2 分			
4.3	时间要求	按时完成	5	超过时间不得分，超过 2min 扣 1 分			
5	现场提问						
5.1			5				
5.2			5				
6	合计		100		原始总分		

模块13　LGJ-185螺栓式耐张线夹的制作

耐张线夹的制作是每个线路施工、检修人员应掌握的一项基本技能，作业过程中应严格按照标准化作业的规定操作。掌握耐张线夹的制作程序，保证耐张线夹的制作质量，对保证线路的可靠运行、确保安全供电，有非常重要的意义。

3.13.1　工作任务、安全要求和作业条件

1. 工作任务

在地面完成LGJ-185螺栓式耐张线夹（倒装式）的制作，要求1人独立完成。

2. 作业条件及安全工作要求

（1）本项工作是输配电线路施工、检修工作内容之一，要求作业人员按照标准化作业程序操作。

（2）1人操作，1人辅助，1人监护。

（3）现场作业人员应正确穿戴合格的工作服、工作鞋、安全帽和劳保手套。

（4）按工作任务要求选择工器具及材料。

（5）作业人员应具备符合本项作业要求的身体素质和技能水平，精神状态良好。

（6）必要时应在工作区范围设立标示牌或护栏。

（7）在工作中遇有6级以上大风以及雷暴雨、冰雹、大雾、沙尘暴等恶劣天气时，应停止工作。

（8）作业人员应具备必要的安全生产知识，熟悉《国家电网公司电力安全工作规程》（电力线路部分）相关内容，并经年度考试合格。

3.13.2　作业程序

1. 工具

个人工具：钢丝钳、活动扳手两把、钢卷尺、记号笔，如图3-97所示。

2. 材料

钢芯铝绞线LGJ-185、耐张线夹NLD-4、铝包带，如图3-97所示。

3. 耐张线夹的制作

（1）根据紧线时的划印（横担挂线点），扣除绝缘子串及连接金具的长度，在导线上标识出耐张线夹硬销孔中心位置。

（2）缠绕铝包带：将一段长度为4.2m左右的铝包带卷成适当长度的两圈，如图3-98所示。留出耐张线夹硬销孔中心位置的印记，从印记处向两边缠绕，其缠绕方向应与外层铝股绞制方向一致，铝包带应缠绕紧密，端头应露出线夹口10mm，回缠3圈并压在线夹内。

图3-97　工器具及材料

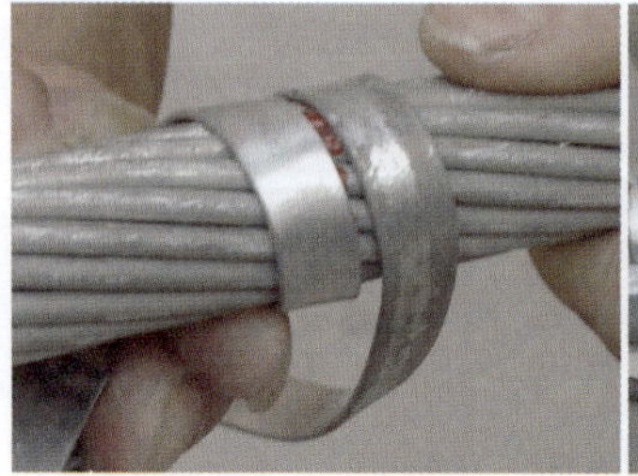

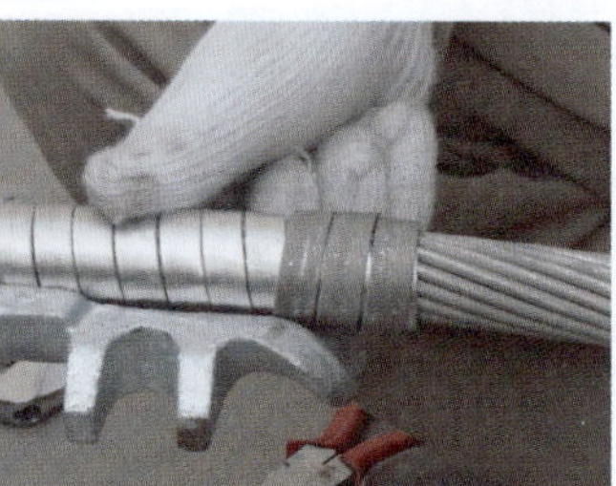

图3-98　缠绕铝包带

4. 安装耐张线夹

（1）将导线放进耐张线夹槽内，导线端头应在耐张线夹引流线侧。导线上的印记对准线夹上的硬销孔中心，将线夹内导线侧的导线与线夹握紧，使导线不能在线夹内滑动，沿线夹的弯度弯曲导线到线夹引流线侧，如图 3 - 99 所示。

（2）U 型螺栓和压块安装：

1）为保证耐张线夹安装位置的正确和安装质量，U 型螺栓必须从悬挂侧向导线侧安装，安装好第一个 U 型螺栓和压块拧紧螺帽后才能安装第二个 U 型螺栓，以此类推（不得将所有 U 型螺栓和压块安装好后再紧固螺栓）。

2）压块应平正，U 型螺栓两侧出丝长度一样，弹垫必须压平，螺帽防水面朝上，如图 3 - 100 所示。

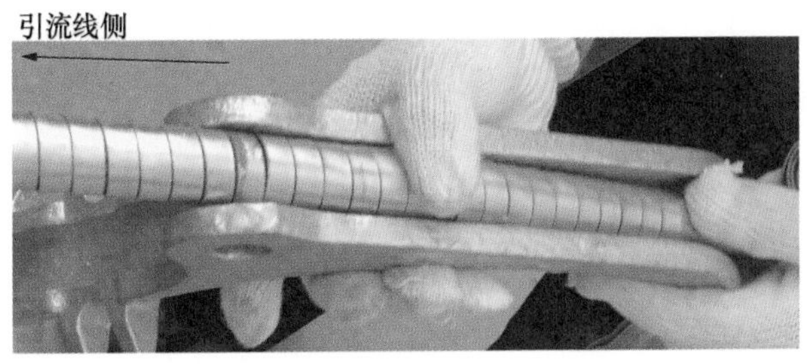

图 3 - 99　导线装入线夹

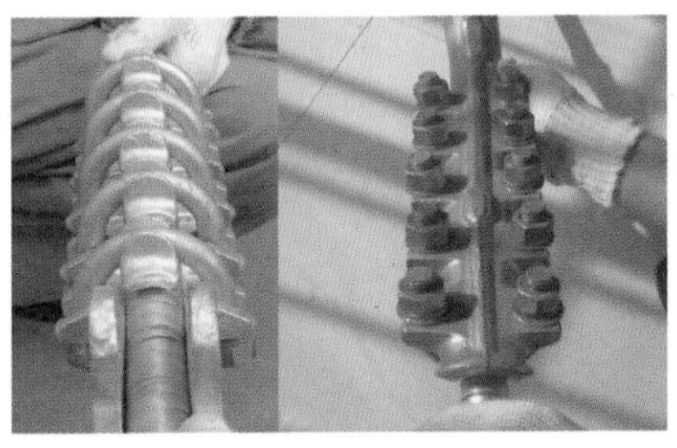
图 3 - 100　压块及螺栓的安装

3）销钉齐全。

5. 清理现场

整理工器具，按文明生产要求清理现场。

3.13.3　危险点辨识及控制措施

危险点：耐张线夹方向装反。

控制措施：应分清倒装式耐张线夹方向，作业工程加强监护。

3.13.4　技能考核评分细则（见表 3 - 15）

表 3 - 15　　技能考核评分细则

<table>
<tr><td colspan="2">学号：</td><td>姓名：</td><td colspan="2">系部：</td><td colspan="3">班级：</td></tr>
<tr><td colspan="2">成绩：</td><td>考评员：</td><td colspan="2">考评组长：</td><td colspan="3">日期：</td></tr>
<tr><td colspan="2">技能操作模块名称</td><td>LGJ-185 螺栓式耐张线夹的制作　|　适用岗位</td><td colspan="2">送电线路架设工、输电线路检修工</td><td>考核时限　30min</td><td>使用时间</td><td></td></tr>
<tr><td colspan="2" rowspan="6">需要说明的问题和要求</td><td colspan="6">1. 1 人单独操作，地面进行，1 人辅助工配合，1 人监护</td></tr>
<tr><td colspan="6">2. 必须正确穿戴工作服、工作鞋、安全帽、劳保手套</td></tr>
<tr><td colspan="6">3. 螺栓式线夹可以重复使用</td></tr>
<tr><td colspan="6">4. 导线 LGJ-185、耐张线夹 NLD-4，铝包带</td></tr>
<tr><td colspan="6">5. 带个人工具，活络扳手两把、平口钳、钢卷尺、记号笔</td></tr>
<tr><td colspan="6">6. 在培训场地进行</td></tr>
<tr><td>序号</td><td>项目名称</td><td>质 量 要 求</td><td>满分</td><td>扣 分 标 准</td><td>扣分原因</td><td>扣分</td><td>得分</td></tr>
<tr><td>1</td><td>选择工具材料</td><td></td><td></td><td></td><td></td><td></td><td></td></tr>
<tr><td>1.1</td><td>选择工具</td><td>活络扳手，平口钳，钢卷尺、记号笔</td><td>1</td><td>缺一项扣 1 分</td><td></td><td></td><td></td></tr>
<tr><td>1.2</td><td>选择材料</td><td>导线 LGJ-185(3m)，耐张线夹 NLD-4，铝包带（10mm 宽）</td><td>2</td><td>缺一项扣 1 分</td><td></td><td></td><td></td></tr>
<tr><td>2</td><td>耐张线夹的制作</td><td></td><td></td><td></td><td></td><td></td><td></td></tr>
<tr><td>2.1</td><td>缠绕铝包带</td><td>①划印，用记号笔在导线上画出清晰的线夹安装位置（考评员给出）；
②铝包带缠绕紧密，其缠绕方向应与外层铝股绞制方向一致，从中间划印处开始向两边缠绕，铝包带端头应露出线夹口 10mm，回缠三圈并压在线夹内</td><td>20</td><td>未缠紧扣 3 分，缝隙大于 1mm 扣 1 分，露出线夹口超出（10±2)mm 一处扣 2 分，未回头 3 圈一处扣 2 分，铝包带缠绕方向错误扣 10 分</td><td></td><td></td><td></td></tr>
<tr><td>2.2</td><td>对准导线上的印记安装耐张线夹</td><td>安装方向正确、位置正确</td><td>40</td><td>安装方向错误本模块考核不合格，位置不正确扣 20 分</td><td></td><td></td><td></td></tr>
<tr><td>2.3</td><td>U 型螺栓和压块安装</td><td>U 型螺栓应从悬挂侧向出口侧顺序安装，悬挂侧第一个 U 型螺栓松紧适度，压块平正，U 型螺栓两侧出丝长度一样，弹垫必须压平，所有垫圈、销钉齐全，螺帽防水面（倒角面）应朝上</td><td>20</td><td>U 型螺栓未按顺序安装扣 3 分，压块一块不正扣 1 分，一个螺栓出丝长度不同扣 1 分，一颗弹垫未压平扣 1 分，垫圈、销钉丢失一件扣 1 分，螺帽防水面一颗未朝上扣 1 分</td><td></td><td></td><td></td></tr>
<tr><td>3</td><td>其他要求</td><td></td><td></td><td></td><td></td><td></td><td></td></tr>
<tr><td>3.1</td><td>着装</td><td>正确穿戴工作服、工作鞋、安全帽、劳保手套</td><td>2</td><td>错一项扣 2 分</td><td></td><td></td><td></td></tr>
<tr><td>3.2</td><td>清理工作现场</td><td>符合文明生产要求</td><td>3</td><td>未清理现场扣 3 分</td><td></td><td></td><td></td></tr>
<tr><td>3.3</td><td>时间要求</td><td>按时完成</td><td>2</td><td>超过时间不给分，每超过 2min 倒扣 1 分</td><td></td><td></td><td></td></tr>
<tr><td>4</td><td>现场提问</td><td></td><td></td><td></td><td></td><td></td><td></td></tr>
<tr><td>4.1</td><td></td><td></td><td>5</td><td></td><td></td><td></td><td></td></tr>
<tr><td>4.2</td><td></td><td></td><td>5</td><td></td><td></td><td></td><td></td></tr>
<tr><td>5</td><td>合计</td><td></td><td>100</td><td></td><td>原始总分</td><td></td><td></td></tr>
</table>

模块14 110kV输电线路耐张杆塔安装导线防振锤

安装防振锤，是输配电线路施工与检修作业人员必备技能之一。该项工作在导线上作业，作业人员一般沿绝缘子串至导线，再“骑线”进入作业点，跨坐在导线上进行安装作业。由于前述作业方法的操作劳动强度大，且不够安全，近年来多采用“硬梯作业法”。硬梯作业法，是将专门加工的硬梯一端固定在导线横担上，另一端挂在导线上（须考虑采取不损伤导线的措施），工作人员沿硬梯进入作业点，坐在硬梯上进行防震锤安装，这样就大大地减小了工作人员的劳动强度。

3.14.1 工作任务、安全要求和作业条件

1. 工作任务

在110kV输电线路耐张杆塔导线上安装导线防震锤，要求1人独立完成。

2. 作业条件及安全工作要求

（1）本项工作是输配电线路施工、检修工作内容之一，要求按照标准化作业程序操作。

（2）1人操作，1人辅助，1人监护。

（3）现场作业人员应正确穿戴合格的工作服、工作鞋、安全帽和劳保手套。

（4）按工作任务要求选择工器具及材料。

（5）作业人员应具备符合本项作业要求的身体素质和技能水平，精神状态良好。

（6）必要时应在工作区范围设立标示牌或护栏。

（7）登杆前应对安全带、登杆工具进行检查和冲击试验，并对杆根、杆身、拉线进行检查，符合相应规定的要求。

（8）登杆塔前，应认真核对停电线路名称、杆号，看是否与工作票及派工单（作业任务单）上相符。

（9）登杆时，首先选择登杆方向，要求沿同一个方向上、下。

（10）在上下杆过程中，应正确使用登杆工具。在杆上作业，应正确使用安全带。

（11）登塔时作业人员的手应抓住主材，塔上作业及转位时不得失去安全带的保护。

（12）上杆塔后，登杆工具必须妥善放置，不得随意放置于横担上。

（13）杆塔上作业所需的工器具及材料，必须使用绳索传递，不得抛掷；在使用吊绳上下传递物件时，吊绳的两端应分别在操作者的两侧，以免吊绳在使用过程中发生缠绕。

（14）杆塔上工作不得掉东西。

（15）在工作中遇有6级以上大风以及雷暴雨、冰雹、大雾、沙尘暴等恶劣天气时，应停止工作。

（16）作业人员应具备必要的安全生产知识，熟悉《国家电网公司电力安全工作规程》（电力线路部分）相关内容，并经年度考试合格。

3.14.2 作业程序

1. 工具

（1）个人工具：钢丝钳、活络扳手两把、钢卷尺、记号笔、工具包。

(2) 专用工具：登杆工具、安全带、吊绳、带挂钩硬梯。

2. 材料

导线防震锤 FD-4、铝包带。

3. 工作前准备

(1) 升降板（或脚扣）外观检查（有试验合格证）无缺陷。

(2) 检查所需的材料是否合格。

(3) 登杆前检查：检查杆根、杆身、拉线、基础等是否满足登杆作业条件；对安全带、登杆工具进行冲击试验，冲击实验时登杆工具距离地面高度 200～300mm，要求试验合格。

4. 登杆

(1) 升降板登杆（为了便于叙述，这里将两只踩板分别称为 A、B 板）：

1) 将 B 板绳搭在左肩上。

2) 挂 A 板：左手握住 A 板挂钩下约 900mm 处的两根绳，右手绕过杆身持钩，钩口朝上，将左手握住的两根绳放入钩内，收紧（围杆）绳，如图 3-101 所示。

3) 上 A 板：右手握牢 A 板的两根绳，左手按住 A 板左端部，右脚跨上 A 板，手、脚同时用力，使人体向上，将左脚踩在 A 板上，用左腿绞紧左边绳，使板中部和两脚尖内侧与混凝土杆靠牢，防止踩板晃动（此时，脱开双手，也可站稳，不会发生左右摇晃），如图 3-102 所示。

4) 挂 B 板：重复步骤 2) 的动作挂 B 板，如图 3-103 所示。

5) 取 A 板，上 B 板：右手握牢 B 板的两根绳，左手按住 B 板左端部，右脚跨上 B 板，弯曲右腿，膝肘部内侧与 B 板的右侧绳紧贴，左脚蹬在 A 板挂钩下的杆身处，向左下方侧身，从 B 板左端部取出左手，握住 A 板挂钩下面的两根绳，顺钩口方向，向上将绳从钩口内提出，取下 A 板。左手提着 A 板，扶住杆身，手脚同时用力，使身体向上，将左脚提起，站在 B 板上，用左腿绞紧左边绳，使板中部和两脚尖内侧与混凝土杆靠牢（此时，脱开双手，也可站稳，不会发生左右摇晃），如图 3-104 所示。

图 3-101　挂 A 板

图 3-102　上 A 板

图 3-103　挂 B 板

图3-104　上 B 板、挂 A 板

6) 挂 A 板：重复步骤 1)。

7) 取 B 板，上 A 板：重复步骤 1)。如此反复，即可上杆。

(2) 脚扣登杆：

1）调整脚扣皮带使松紧适度。

2）登杆：①抬脚使脚扣平面（金属杆圆弧面）与杆身成90°，脚扣叩杆、脚背外翻挂实，下蹬；②另一只脚上抬松脱脚扣，向上登杆，方法同①；③注意调整脚扣尺寸，与混凝土杆直径配合，使脚扣胶皮面与混凝土杆接触可靠；④双手扶杆，重心稍向后，动作正确，如图3-105所示。

3）登上横担，拴好安全带，固定或摆放登杆工具：①登杆工具杆上固定可靠；②摆放正确、安全，不掉下。

5. 挂硬梯

（1）拴好保护绳，解开安全带，作业人员移位到挂硬梯处。

（2）用吊绳拉上硬梯，将硬梯的挂钩挂在导线上，另一端固定在横担上，如图3-106所示。

图3-105 脚扣登杆

图3-106 架硬梯

（3）作业人员沿硬梯进入作业点，将安全带在导线上拴好，并检查扣环是否扣好。

6. 安装防振锤

（1）按设计的安装尺寸（从耐张线夹硬销中心量出）划印。

（2）缠绕铝包带，与导线外层铝股绕制方向一致。且必须缠绕紧密，缠绕长度两端应露出夹板10mm，再回缠，将铝带头压在夹板内，如图3-107所示。

（3）用吊绳拉上防振锤（正确使用绳结，不得出现缠绕、死结），将防振锤的夹线板与导线固定紧密。夹线板螺栓的穿向：边相螺栓由内向外穿，中相螺栓由左向右（作业人员面向受电侧）。

（4）检查防振锤安装是否合格，安装距离偏差在±10mm内，平垫圈、弹簧垫圈齐全，弹垫应压平。安装完毕的防振锤应与导线平行，且与地面垂直。

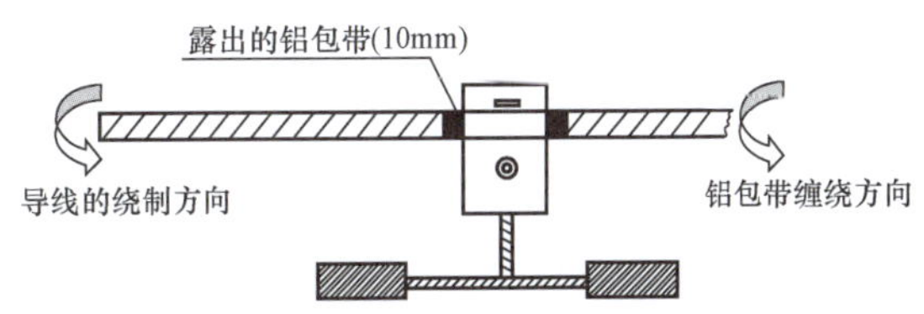

图3-107 防震锤安装示意图

7. 拆离作业现场

（1）作业人员解开安全带，沿硬梯退回横担上，解开硬梯与横担的固定绳索，取下导线上的硬梯挂钩，用吊绳将硬梯放至地面。

(2) 作业人员在保护绳保护的状态下，转位至杆身处，整理好登杆工具，解开保护绳，准备下杆。

8. 下杆

(1) 升降板下杆：

1) 挂A板，下板：①钩口朝上，绳自然下垂，用手收紧踩板绳；②双手支撑身体，双脚下板，左腿绞紧左边绳，使板和两脚尖内侧与混凝土杆靠牢。

2) 挂B板：①左手握绳、右手持钩、钩口朝上，在大腿部对应杆身上挂B板；②右手握A板绳，抽出左腿，侧身、左手压A板左端部，左脚蹬在混凝土杆上，右腿膝肘部内侧贴紧右侧绳并将A板拉离混凝土杆，靠近左大腿。左手松出，在B板挂钩100mm左右处握住绳子，左右摇动使其围杆下落，同时左脚下滑至适当位置蹬杆，定住B板绳（钩口朝上），如图3-108所示。

3) 下B板：左手握住A板左边绳（位于右手握绳处下），右手松出左边绳，握右边绳，双手下滑，同时右脚下A板、踩B板，左腿绞紧左边绳，使B板中部和两脚尖内侧与混凝土杆靠牢，如图3-109所示。

4) 取A板：左手扶杆，右手握住A板，向上晃动松下A板，如图3-110所示。

图3-108 挂B板

图3-109 下B板

图3-110 取A板

5) 挂A板，同步骤2)。

6) 下A板、取B板：重复步骤2)。如此反复，即可下杆。

(2) 脚扣下杆：

1) 抬脚使脚扣平面（金属杆圆弧面）与杆身成90°，脚扣叩杆、脚背外翻挂实，下蹬，如图3-105所示。

2) 另一只脚上抬松脱脚扣，下杆，方法同1)。

3) 注意调整脚扣尺寸，与混凝土电杆直径配合，使脚扣胶皮面与混凝土杆接触可靠。

4) 双手扶杆，重心稍向后，动作正确。

9. 清理现场

整理工器具，按文明生产要求清理现场。

3.14.3 危险点辨识及控制措施

（1）危险点一：高处坠落。

控制措施：作业人员登杆前必须具备符合本项作业要求的身体状况、精神状态和技能素质。设监护1人，加强监护，随时纠正其不规范或违章动作，重点注意在转位的过程中不得失去保护绳的保护。

（2）危险点二：高处坠物伤人。

控制措施：杆上作业人员的工具及零星材料应装入工具袋，防止坠物。杆下作业人员必须戴安全帽，正确使用绳结，拴好杆上所需物件后，应距离作业点垂直下方3m以外。监护人员应随时注意，禁止无关人员在工作现场内逗留。

3.14.4 技能考核评分细则（见表3-16）

表 3 - 16　技能考核评分细则

<table>
<tr><td colspan="8">学号：　　姓名：　　系部：　　班级：</td></tr>
<tr><td colspan="8">成绩：　　考评员：　　考评组长：　　日期：</td></tr>
<tr><td colspan="2">技能操作模块名称</td><td>110kV 输电线路耐张杆塔安装导线防震锤</td><td>适用岗位</td><td>送电线路架设工、输电线路检修工</td><td>考核时限 30min</td><td>使用时间</td><td></td></tr>
<tr><td colspan="2" rowspan="8">需要说明的问题和要求</td><td colspan="6">1. 要求单独操作，杆下一辅助工配合</td></tr>
<tr><td colspan="6">2. 用升降板或脚扣登杆</td></tr>
<tr><td colspan="6">3. 着装正确（工作服、工作鞋、安全帽、劳保手套）</td></tr>
<tr><td colspan="6">4. 安装尺寸由考评员现场指定</td></tr>
<tr><td colspan="6">5. 在不带电的培训线路上操作，导线截面 LGJ-185（240）</td></tr>
<tr><td colspan="6">6. 工具材料自选、铝包带、导线防震锤 FD-4</td></tr>
<tr><td colspan="6">7. 个人工具：活络扳手、平口钳、钢卷尺、记号笔</td></tr>
<tr><td colspan="6">8. 登杆工具、安全带、吊绳、带挂勾硬梯</td></tr>
<tr><td>序号</td><td>项目名称</td><td>质　量　要　求</td><td>满分</td><td>扣　分　标　准</td><td>扣分原因</td><td>扣分</td><td>得分</td></tr>
<tr><td>1</td><td>工作准备</td><td></td><td></td><td></td><td></td><td></td><td></td></tr>
<tr><td>1.1</td><td>外观检查</td><td>升降板（或脚扣）外观检查（有试验合格证）无缺陷</td><td>3</td><td>未检查扣 3 分，无合格证不能使用</td><td></td><td></td><td></td></tr>
<tr><td>1.2</td><td>登杆前检查</td><td>检查杆根、杆身、拉线</td><td>4</td><td>未作检查一项扣 2 分</td><td></td><td></td><td></td></tr>
<tr><td>1.3</td><td>材料选择</td><td>导线防震锤（含螺栓、平垫圈、弹簧垫圈）、铝包带</td><td>3</td><td>每错、漏一项扣 1 分</td><td></td><td></td><td></td></tr>
<tr><td>2</td><td>登杆基本功</td><td>考生可任意选择一种登杆方式，上下杆动作正确，无不安全因素</td><td></td><td>不能正确登杆即终止本模块考核</td><td></td><td></td><td></td></tr>
<tr><td>2.1</td><td>升降板登杆</td><td>2.1 内容中绳（子）均指升降板绳，未特指均指两根绳</td><td></td><td></td><td></td><td></td><td></td></tr>
<tr><td>2.1.1</td><td>挂板、上板、挂上板</td><td>①左手握绳、右手持钩、钩口朝上挂板；
②右手收紧（围杆）绳子，两脚上板，左腿绞紧左边绳；
③挂上板（方法同①）</td><td>2</td><td>一项不正确扣 1 分</td><td></td><td></td><td></td></tr>
<tr><td>2.1.2</td><td>上上板</td><td>①右手抓紧上板两根绳子，左手压紧踩板左端部，抽出左脚踩在板上；
②右脚上上板，左脚蹬在杆上，左大腿靠近升降板，右腿膝肘部挂紧绳子；
③侧身、右手握住下板钩下 100mm 左右处绳子，脱钩取板，左脚上板</td><td>5</td><td>一项不正确扣 2 分</td><td></td><td></td><td></td></tr>
<tr><td>2.2</td><td>脚扣登杆</td><td></td><td></td><td></td><td></td><td></td><td></td></tr>
<tr><td>2.2.1</td><td>调整脚扣皮带</td><td>松紧适度</td><td>2</td><td>不正确扣 2 分</td><td></td><td></td><td></td></tr>
</table>

续表

序号	项目名称	质量要求	满分	扣分标准	扣分原因	扣分	得分
2.2.2	登杆	①抬脚使脚扣平面（金属杆圆弧面）与杆身成90°，脚扣叩杆、脚背外翻挂实，下蹬； ②另一只脚上抬松脱脚扣，向上登杆，方法同①； ③注意调整脚扣尺寸，与混凝土杆直径配合，使脚扣胶皮面与混凝土杆接触可靠； ④双手扶杆，重心稍向后，动作正确	5	一项不正确扣2分			
3	操作方法和步骤						
3.1	登杆工具固定或摆放	①登杆工具杆上固定可靠； ②摆放正确、安全，不掉下	4	掉下一件扣4分			
3.2	使用安全带	①正确使用双保险安全带； ②符合安规要求	6	未正确使用双保险安全带扣6分			
3.3	挂硬梯	①人站在横担上将硬梯挂钩挂在导线上，后端在横担上固定； ②安全可靠	6	一项不正确扣3分			
3.4	进入工作点	①沿硬梯进入工作点； ②系好安全带	5	不正确扣5分			
3.5	量出尺寸	量出安装尺寸（从耐张线夹硬销中心按考评员指定数据量出），并划印	6	不正确扣6分			
3.6	缠绕铝包带	顺导线绕制方向，所缠绕铝包带露出夹口≤10mm	5	不正确不给分			
3.7	传递材料	①传递材料正确； ②正确使用绳结，不得出现缠绕、死结	5	一项不正确扣2分			
3.8	安装防振锤	①边相螺栓由内向外穿，中相螺栓由左向右穿； ②安装距离偏差在±10mm内； ③防震锤应与导线平行、与地面垂直	20	一项不正确扣10分			
3.9	拧紧螺栓	①按规定拧紧螺栓； ②平垫圈、弹簧垫圈齐全，弹垫应压平	4	缺件、未压平各扣2分			
4	下杆						
4.1	升降板下杆	4.1内容中绳（子）均指升降板绳，未特指均指两根绳					

续表

序号	项目名称	质量要求	满分	扣分标准	扣分原因	扣分	得分
4.1.1	挂板，下板	①钩口朝上，绳自然下垂，用手收紧（围杆）绳； ②双手支撑身体，双脚下板，左腿绞紧左边绳	1	一项不正确扣1分			
4.1.2	挂下板	①左手握绳、右手持钩、钩口朝上，在大腿部对应杆上挂板； ②右手握上板绳，抽出左腿，侧身、左手压踩板左端部，左脚蹬在混凝土杆上，右腿膝肘部挂紧绳子并向外顶出，上板靠近左大腿。左手松出，在下板挂钩100mm左右处握住绳子，左右摇动使其围杆下落，同时左脚下滑至适当位置蹬杆，定住下板绳（钩口朝上）	2	一项不正确扣2分			
4.1.3	下下板	左手握住上板左边绳（右手握绳处下），右手松出左边绳、只握右边绳，双手下滑，同时右脚下上板、踩下板，左腿绞紧左边绳、踩下板	2	不正确扣2分			
4.1.4	取上板	左手扶杆，右手握住上板，向上晃动松下上板。挂下板，同4.1.2	1	不正确扣2分			
4.2	脚扣下杆	①抬脚使脚扣平面（金属杆圆弧面）与杆身成90°，脚扣叩杆、脚背外翻挂实，下蹬； ②另一只脚上抬松脱脚扣，下杆，方法同①； ③注意调整脚扣尺寸，与混凝土杆直径配合，使脚扣胶皮面与混凝土杆接触可靠； ④双手扶杆，重心稍向后，动作正确	6	一项不正确扣2分			
5	其他要求						
5.1	着装	工作服、工作鞋、安全帽、劳保手套穿戴正确	2	每漏一项扣1分			
5.2	高处坠物	高空不得坠物	2	掉一件材料扣2分，掉一件工具扣5分			
5.3	完成时间	在规定时间内完成下杆至地面	2	超过时间不给分，每超过2min倒扣1分			
6	现场提问						
6.1			5				
6.2			5				
7	合计		100		原始总分		

模块15 架设110kV输电线路导线

导线架设，是将设计选定的导线按要求的应力（弛度）架设于已经组立好的杆塔上，是输配电线路施工的三大基本工序之一，其技术性较强，高处作业量大。导线架设按放线方式的不同方法可分为拖地展放、张力放线两大类施工方法。导线架设又包括准备工作、放线、导线及地线连接、紧线及弛度观测、附件安装等子工序，导线架设施工段常达数千米，点多面广，为长线工程，因此施工前必须认真编制好施工方案或技术手册，做好人、材、机组织与管理，采取周密的技术及安全措施，搞好技术交底、危险点分析等各项工作，保障线路架设工作的顺利推进。

本模块为综合实训模块，以小组为单位完成实训和考核。

3.15.1 工作任务、安全要求和作业条件

1. 工作任务

完成110kV输电线路单相导线放线、紧线及弛度观测、挂线等工作。

2. 作业条件及安全工作要求

（1）本项工作是输配电线路施工内容之一，要求按照标准化作业程序操作。

（2）实训小组人员组成：组长（工作负责人，紧线指挥）1人，安全监护6人（本模块预设为5档以上导线架设，安全监护兼每基杆塔的护线人员），弛度观测1人，高处作业人员8人，辅工20人。

（3）主要工具：经纬仪1台（或弛度板1套），紧线工具1套，柱式钢结构跨越架5套（2m高），吊车（8t）1台，机动绞磨（3t）1台，钢丝绳（ϕ15.5×150m）1根，LGJ-185导线用蛇皮套2个，LGJ-185卡线器4个，紧线滑车（5t）1个、紧线滑车（3t）2个，临时拉线（锚线）用钢绞线（GJ-50×100m）及配套金具，双钩紧线器（3t）8把，线轴架1付，放线滑车7个，吊绳10根、ϕ15.5钢丝套10根、安全带10根、脚钩5付、踩板5付、铁棒桩6根、对讲机12台。

（4）主要材料：LGJ-185/25导线、连接金具、耐张线夹、绝缘子串（擦洗干净并经检测合格），防震锤，铝包带（根据现场需要）等。

（5）现场作业人员应正确穿戴合格的工作服、工作鞋、安全帽和劳保手套。

（6）按工作任务要求选择工器具及材料。

（7）作业人员应具备符合本项作业要求的身体素质和技能水平，精神状态良好。

（8）必要时应在工作区范围设立标示牌或护栏。

（9）施工段内各杆塔基础混凝土强度达到设计要求，施工段内各杆塔螺栓紧固完好。

（10）登杆前应对安全带、登杆工具进行检查和冲击试验，并对杆根、杆身、拉线进行检查，符合相应规定的要求。

（11）登杆塔前，应认真核对停电线路名称、杆号，看是否与工作票及派工单（作业任务单）上相符。

（12）登杆时，首先选择登杆方向，要求沿同一个方向上、下。

（13）在上下杆过程中，应正确使用登杆工具。在杆上作业，应正确使用安全带。

（14）登塔时作业人员的手应抓住主材，塔上作业及转位时不得失去安全带的保护。

(15) 上杆塔后，登杆工具必须妥善放置，不得随意放置于横担上。

(16) 杆塔上作业所需的工器具及材料，必须使用绳索传递，不得抛掷；在使用吊绳上下传递物件时，吊绳的两端应分别在操作者的两侧，以免吊绳在使用过程中发生缠绕。

(17) 应搭设临时拉线的杆塔如挂线端、紧线操作端、转角杆塔等临时拉线符合施工要求；现场布置的绞磨、倒扳滑车（导向滑车）、地锚埋设等符合施工要求；弛度观测档选择符合施工要求；导线应完好无损，否则应处理。

(18) 在工作中遇有6级以上大风以及雷暴雨、冰雹、大雾、沙尘暴等恶劣天气时，应停止工作。

(19) 作业人员应具备必要的安全生产知识，熟悉《国家电网公司电力安全工作规程》（电力线路部分）相关内容，并经年度考试合格。

3.15.2 作业程序

1. 准备工作

(1) 事先完成施工段现场勘查和施工方案编制。

(2) 工作负责人首先向全体工作人员宣读工作票，做技术交底，讲解现场工作安全注意事项，并明确分工。

(3) 现场布置及检查：

1) 按施工方案的要求在施工现场布置：地锚、紧线端布置绞磨（见图3-111）、紧线滑车，放线端布置线轴架，布置临时拉线（见图3-112），悬挂放线滑车，搭设跨越架。此处的临时拉线（其对地夹角不得大于45°）用于补强施工段两端耐张铁塔及中间转角杆塔，以防紧线时耐张塔受力扭曲变形。主牵引绳对地夹角≤30°。

图3-111 绞磨布置

图3-112 布置临时拉线

2) 工作负责人应该认真检查地面准备工作（地锚埋设、绞磨位置、绞磨牵引钢绳、钢绳套、导向滑车等地面连接、距离是否符合受力要求，与被紧导线、地线受力方向是否相同）。

3) 组织现场人员处理好工作通道内的各种交叉跨越情况，对工作通道内的电力线路要提前做好停电工作，并挂好接地线。

4) 在交通要道两侧设立警示标志，必要时设专人看守。

5) 按施工方案的人员组织安排放线人员和护线人员，线轴架、领线人、各杆塔及跨越架护线人员配备对讲机各一台。

6) 准备工作就绪后，工作负责人应认真检查工作段内各点人员的就位情况，起重工具（绞磨、导向滑车位置、方向）是否安全可靠；辅助安全设施（临时拉线、地锚、跨越架）

是否完善可靠。工作无误后，开始放线工作。

2. 放线

从放线端向紧线端人力牵引放线，如图 3-113 所示。用蛇皮套将白棕绳与导线连接起来，放线人员牵引白棕绳，并逐基杆塔将导线穿入放线滑车。匀速、有序完成放线操作，直至放完整个施工段。

图 3-113 人力牵引放线

3. 紧线

(1) 准备紧线。放线结束后，在放线端（也是挂线端）线头上制作耐张线夹，用人力吊上杆塔完成挂线，如图 3-114 所示；在紧线操作端，拆除放线白棕绳，在导线固定卡线器，并与紧线钢丝绳连接起来，如图 3-115 所示。

图 3-114 挂线端杆塔挂线

地面工作检查无误，高处作业人员蹬上紧线塔后，在塔上选好操作位置，系好安全带，先安装好线路连接金具、耐张绝缘子串，固定锁好滑车并穿过绞磨牵引钢绳，做好塔上准备工作。地面人员将紧线钢丝绳盘在绞磨上，准备紧线。

(2) 紧线。拉紧磨尾绳，启动绞磨，在现场指挥下开始紧线。绞磨手听从指挥，操作准确。拉磨尾绳人员适度拉紧磨尾绳。回收的导线盘成圈，钢丝绳盘成圈。绞磨启动，开始紧线，现场工作指挥人应注意：

1) 绞磨启动受力后，应做冲击试验，检查受力方向是否正确。

2) 弛度观测人员信号。

3) 各直线塔、交叉跨越点人员信号。

4) 按上述信号，随时指挥绞磨启动或制动。

5) 弛度观测符合要求，导线平稳无摆动，并经细调，弛度观测人员发出信号后，指挥高处作业人员做好导线或地线记号。

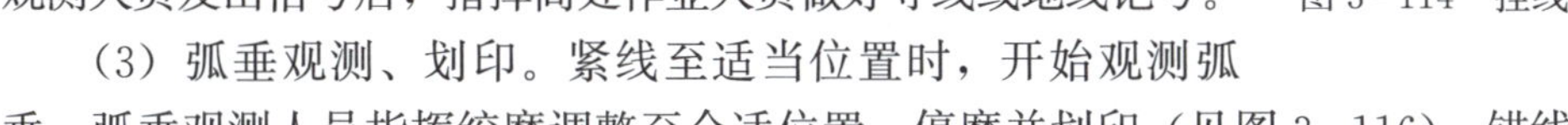

(3) 弧垂观测、划印。紧线至适当位置时，开始观测弧垂。弧垂观测人员指挥绞磨调整至合适位置，停磨并划印（见图 3-116）、锚线。

图 3-115 固定卡线器

图 3-116 划印

4. 挂线

根据工作现场情况，现场工作指挥人做出地面或高空安装耐张线夹的决定。在本实训模块中采用地面安装耐张线夹，并完成挂线操作。

(1) 地面安装耐张线夹。拉紧磨尾绳，重新启动绞磨将划印端缓放至地面，在适当位置完成锚线。由地面人员根据高处作业人员做好的划印点开线，缠绕铝包带安装好耐张线夹，同时量好距离、缠好铝包带、卡好防震锤。

图 3-117 升空挂线前的准备工作

(2) 挂线。组装绝缘子串，连接好耐张线夹，将起吊钢丝绳用铁丝拴在绝缘子串挂线侧第 3 片绝缘子上，如图 3-117 所示；再启动绞磨升线，使绝缘子串（带耐张线夹）逐渐靠近挂线点，由高处作业人员将绝缘子串与杆塔挂线点连接固定（见图 3-118），挂好导线并停磨。在挂线操作过程中，注意牵引量不能太大。

(3) 挂好导线放松牵引前，高处作业人员出线调整好防震锤位置，调整好绝缘子碗口方向并清洁绝缘子。

5. 拆除所挂导线及工器具

先拆紧线端，最后拆挂线端。启动绞磨适当收紧导线，在紧线操作杆塔上拆除耐张绝缘子串与杆塔的连接金具，依靠绞磨缓慢地将绝缘子串（带耐张线夹）放至地面，拆除绝缘子、耐张线夹、防震锤等附件，绞磨缓松出导线直至导线不带张力。用人力牵引的方式将导线逐基杆塔从放线滑车退出，在放线端将导线盘回线轴上，最后从挂线端杆塔上拆除绝缘子串与杆塔间的连接金具，由作业人员使用吊绳将绝缘子串（带耐张线夹）放至地面，拆除绝缘子、耐张线夹、防震锤等附件，将导线全部盘回线轴上。

从拆除杆塔上滑车、钢丝绳、绞磨、跨越架等工器具，清理作业现场后通知停电线路恢复送电。

3.15.3 危险点辨识及控制措施

(1) 危险点一：导线滑脱伤人。

控制措施：

1) 统一指挥，统一信号，明确分工，并讲明施工方法，明确各岗位职责。

2) 要使用合格的起重工器具，严禁超载使用；钢丝绳套严禁以小代大使用。

3) 各跨越点必须设专人看守，防止挂、卡导线。

4) 卡线器必须牢固地卡在导线上。绞磨牵引钢绳受力时，应设专人随时检查各受力点的变化情况。

5) 导地线过牵引时，要特别注意各部件的受力变化。

图 3-118 挂线

6）绞磨牵引钢绳受力时，内侧严禁站人。

7）加强作业过程的监护。

（2）危险点二：高处坠落。

控制措施：高处作业应使用安全带，戴安全帽；安全带必须系在横担的主材上，杆上转移作业位置时，不得失去安全带的保护。

（3）危险点三：高处坠物伤人。

控制措施：

1）高处作业人员与地面工作人员传递工器具、材料时，必须用小绳传递，严禁空中抛甩工器具、材料。

2）高处作业人员对塔上暂时不用的工器具，应通过小绳吊到塔下，禁止随意放在塔上。

3）现场作业人员必须戴好安全帽，高处作业下方严禁站人，严禁非作业人员进入作业现场。

（4）危险点四：触电伤人。

控制措施：

1）高处作业人员接触导线时，应先接地，防止感应电伤人。

2）跨越电力线路必须挂好接地线，防止突然送电。

3.15.4 技能考核评分细则（见表3-17）

表 3-17

技能考核评分细则

学号：	姓名：	系部：	班级：
成绩：	考评员：	考评组长：	日期：

技能操作模块名称	架设 110kV 输电线路导线	适用岗位	送电线路架设工，输电线路检修工	考核时限	360min	使用时间	
需要说明的问题和要求	1. 以实训小组为单位，在规定时间内完成 2. 本细则依据国家电网公司电力安全工作规程（电力线路部分）国家电网安监［2005］83 号制定 3. 实训小组根据施工平面示意图作出施工方案，并组织实施 4. 在实训基地实训线路（5 档以上）进行，地形为平原，施工段中设置跨越二级公路、通信线、220V、10kV、35kV 电力线路各一处 5. 专用工具：经纬仪 1 台（或弛度板 1 套），紧线工具 1 套，柱式钢结构跨越架 5 套（2m 高），吊车（8t）1 台，机动绞磨（3t）1 台，钢丝绳（ϕ15.5×150m）1 根，LGJ-185 导线用蛇皮套 2 个，LGJ-185 卡线器 4 个，紧线滑车（5t）1 个、紧线滑车（3t）2 个，锚线钢绞线 GJ-50×100m 及配套金具，双钩紧线器（3t）8 把，线轴架 1 付，放线滑车 7 个，吊绳 10 根、ϕ15.5 钢丝套 10 根、安全带 10 根、脚钩 5 付、踩板 5 付、铁棒桩 6 根、对讲机 12 台 6. 材料：LGJ-185/25 导线、金具绝缘子、LGJ-185 螺栓式耐张线夹 6 个						

序号	项目名称	质量要求	满分	扣分标准	扣分原因	扣分	得分
1	现场勘察（提前完成）	①查施工段沿线交叉跨越情况，如跨越二级公路、通信线、220V、10kV、35kV 电力线路等具体情况，落实跨越点和跨越距离； ②调查施工段沿线地质、地形、交通运输等情况	5	漏查一项扣 3 分			
2	编制施工方案（提前完成）	根据现场踏勘情况初拟各种跨越措施，制定跨越方案。停电落线跨越的应在调度部门办理停电申请，低压线路应在所辖供电所办理停电。计算施工段紧线及挂线牵引力大小，选择并校核工器具，整理施工组织、技术及安全措施，编制出施工方案	15	每漏一项措施扣 3 分			
3	工器具、材料准备						
3.1	工器具准备		4	工器具漏一项扣 2 分			
3.2	材料准备		4	材料漏一项扣 2 分			
4	现场布置	按施工方案的要求在施工现场布置：地锚、紧线端布置绞磨、紧线滑车，放线端布置线轴架，布置临时拉线，悬挂放线滑车，搭设跨越架。临拉对地夹角≤45°，主牵引绳对地夹角≤30°	10	每漏、错一项扣 3 分			
5	架设导线						
5.1	停电验电挂设接地线	跨越的 35、10kV 电力线路停电、验电各挂设一组接地线。上下杆塔方向正确、动作安全，验电挂设接地线动作安全、顺序正确	10	上下杆塔方向不准确扣 2 分，不安全动作 1 次扣 2 分，验电挂设接地线动作不安全、顺序不正确本项不得分			

续表

序号	项目名称	质 量 要 求	满分	扣 分 标 准	扣分原因	扣分	得分
5.2	布置放线护线人员	人员分配合理，对讲机分配合理	5	人员分配不合理1处扣2分，对讲机分配不合理1处扣1分			
5.3	放线	匀速、有序完成放线操作，蛇皮套与导线之间连接牢固，上下杆塔方向正确、动作安全，导线穿入放线滑车动作正确	10	放线顺序错1次扣5分，蛇皮套与导线连接不牢固扣5分，上下杆塔方向不准确扣2分，不安全动作1次扣2分，导线穿入放线滑车不能一次到位扣5分			
5.4	准备紧线	①耐张线夹制作正确； ②挂线时，上下杆塔方向正确、动作安全，杆塔上下人员配合准确； ③卡线器固定位置合理、牢固； ④磨芯上缠绕的钢丝绳方向、圈数正确	5	耐张线夹制作不正确1处扣1分，上下杆塔方向不准确扣2分，不安全动作1次扣2分，挂线不能一次到位扣3分，卡线器固定位置不合理扣2分、不牢固扣3分，钢丝绳缠绕方向不正确扣2分，圈数不正确扣3分			
5.5	紧线	①绞磨手听从指挥，操作准确； ②拉磨尾绳人员适度拉紧磨尾绳； ③回收的导线盘成圈，钢丝绳盘成圈	5	磨尾绳松脱扣5分，钢丝绳未盘成圈扣3分			
5.6	弧垂观测、划印	①上下杆塔方向正确、动作安全； ②弧垂观测准确，指挥清晰正确。划印准确、清晰； ③卡线器位置准确、牢固，锚线稳固	5	上下杆塔方向不准确扣2分，不安全动作1次扣2分，弧垂观测不准确扣3分，划印不正确、不清晰1次扣2分，卡线器位置不准确、牢固扣3分，锚线不稳固扣5分			
5.7	制作耐张线夹	锚线牢固，制作耐张线夹正确	5	磨尾绳松脱扣5分，锚线松脱扣5分，耐张线夹制作不正确1处扣1分			
5.8	挂线	①过牵引量适当； ②上下杆塔方向正确、动作安全； ③绝缘子清洁； ④钢丝绳固定牢固； ⑤挂线人员操作正确	5	上下杆塔方向不准确扣2分，不安全动作1次扣2分，绝缘子未清洁扣2分，钢丝绳固定不牢固扣5分，挂线未一次到位扣3分			
5.9	拆除所挂导线及工器具	先拆紧线端，后将导线逐基杆塔从放线滑车退出，最后拆挂线端。操作顺序正确，动作安全	2	顺序错扣2分，动作不安全1次扣2分			
6	其他要求						
6.1	着装	工作服、工作鞋、安全帽、劳保手套穿戴正确	4	漏一项扣2分			
6.2	安全文明生产	①整理工具、清理工作现场； ②符合文明生产要求	4	漏一项扣2分			
6.3	完成时间	按规定时间内完成	2	超过时间每延长2min扣1分			
7	合计		100		原始总分		

思 考 题 三

1. 发现触电者时，应做的第一件事情是什么？
2. 对触电者展开急救的同时，为什么要呼叫帮助？
3. CPR 中，口对口人工呼吸与体外按压的比例是多少？
4. 在医护人员判定触电者死亡之前，不得停止抢救，为什么？
5. 光学经纬仪的用途有哪些？常与哪些工具配合使用？
6. 全站仪与光学经纬仪有哪些共同点，哪些不同点？
7. 基础分坑时确定的桩位有哪些？有什么用途？
8. 经纬仪的对中、调平、置零操作的目的是什么？
9. 基础施工时，为什么需要对线路中心桩进行校核？
10. 浇制混凝土时，为什么需要振捣？试描述合适的振捣程度。
11. 基础回填的注意事项有哪些？
12. 试述现浇混凝土基础施工的危险点有哪些？如何控制？
13. 为什么说丘陵及山地地区铁塔组立多选用内拉线抱杆组塔法？
14. 为什么桩锚应尽量在施工当天搭设？
15. 倒落式抱杆受力体系中哪四点应在一条直线上？为什么？
16. 抱杆提升时的注意事项有哪些？
17. 为什么说杆塔接地电阻值与季节有关？
18. 为什么装拆接地引下线时需要佩戴绝缘手套？
19. 测试接地电阻时，摇柄转速为什么应达到 120r/min，并持续 5s 以上？
20. 四点接地的地网接地电阻如何测试？
21. 两点接地的地网，测量出两个接地点接地电阻相差悬殊，说明什么问题？
22. 在测量前兆欧表指针应处于什么位置？
23. 测试过程中对连接点的要求是什么？
24. 试述接地装置的作用。
25. 测试棒应打入地中深度为多少？测试线的放线要求是什么？
26. 尾线长度为什么只允许＋10mm 误差？
27. 升降板的试验周期是多少？脚扣的试验周期是多少？
28. 登杆前应对登杆工具进行检查，对升降板（脚扣）应检查哪些内容？
29. 安全带的试验周期是多少？安全带使用前应如何检查？
30. 220kV 线路导线对建筑物的垂直距离为多少？
31. 110kV 电力线路对 10kV 电力线路的交叉跨越的垂直距离为多少？
32. 送电线路下果树的自然生长高度不得超过多少？
33. UT 型线夹的出丝规定是什么？
34. 对验电器外观检查及使用的基本要求有哪些？
35. 什么规程规定的拉线线夹凸肚应朝地？
36. UT 型线夹尾线为什么要扎线封头？

37. 杆塔上有人工作时，对杆塔自身的拉线有哪些规定？

38. 杆塔拉线下把制作前和收紧拉线的过程中为什么要观察电杆，如何观察？

39. 到使用复合绝缘子的导线上作业应注意哪些问题？

40. 个人保安线的作用是什么？

41. 拉线棒锈蚀直径减少 6mm 时，应如何处理？

42. 尾线穿反会导致什么问题？

43. 输配电线路绝缘子串及其他金具螺栓穿入方向的规定是什么？

44. 你所使用的防震锤型号是什么？其使用范围是什么？

45. 什么是电晕现象？哪些情况下会产生电晕现象？如何克服？

46. 220kV 线路的防护区是多少米？如何计算？

47. 输电线路的风雨拉线常见是哪几种？什么叫风雨拉线？V、X 型拉线的优缺点是什么？

48. 在线路附近多少米内不允许爆破施工？

49. 线路停电作业时如何挂设接地线？

50. 目前使用的绝缘子从材质上分为哪几种？各有何优缺点？

51. 导线表面有毛刺、导线上被覆铝包带两端部上翘不平、扎线端部未紧贴导线等，对线路运行有什么影响？

52. 什么叫导线初伸长？

53. 两根导线绕制方向不同可以实现接续吗？

54. 同一根导线在一档内允许有几个接头？在哪些情况下导线不允许接头？

55. 导线表面不够光滑应如何处理？

56. 什么叫连接金具？试举例 3 件。

57. 什么叫接续金具？试举例 2 件。

58. 倒装式线夹的优缺点是什么？

59. 什么叫安全工具？试举例 4 件。

附　　录

附表 1　　**登高工器具试验标准表**

<table>
<tr><th>序号</th><th>名称</th><th>项　目</th><th>周　　期</th><th>要　求</th><th colspan="3">说　　明</th></tr>
<tr><td rowspan="5">1</td><td rowspan="5">安全带</td><td rowspan="5">静负荷试验</td><td rowspan="5">1 年</td><td>种类</td><td>试验静拉力（N）</td><td>载荷时间（min）</td><td rowspan="5">牛皮带试验周期为半年</td></tr>
<tr><td>围杆绳</td><td>2205</td><td>5</td></tr>
<tr><td>围杆带</td><td>2205</td><td>5</td></tr>
<tr><td>护腰带</td><td>1470</td><td>5</td></tr>
<tr><td>安全绳</td><td>2205</td><td>5</td></tr>
<tr><td rowspan="2">2</td><td rowspan="2">安全帽</td><td>冲击性能试验</td><td>按规定期限</td><td colspan="3">受冲击力小于 4900N</td><td rowspan="2">使用寿命：从制造之时起，塑料帽≤2.5 年，玻璃钢≤3.5 年</td></tr>
<tr><td>穿刺性能试验</td><td>按规定期限</td><td colspan="3">钢锥不接触头模表面</td></tr>
<tr><td>3</td><td>脚扣</td><td>静负荷试验</td><td>1 年</td><td colspan="3">施加 1176N 静压力，持续时间 5min</td><td></td></tr>
<tr><td>4</td><td>升降板</td><td>静负荷试验</td><td>半年</td><td colspan="3">施加 2205N 静压力，持续时间 5min</td><td></td></tr>
<tr><td>5</td><td>梯子</td><td>静负荷试验</td><td>半年</td><td colspan="3">施加 1765N 静压力，持续时间 5min</td><td></td></tr>
<tr><td>6</td><td>软梯</td><td>静负荷试验</td><td>半年</td><td colspan="3">施加 4900N 静压力，持续时间 5min</td><td></td></tr>
</table>

附表 2　　**绝缘安全工器具试验项目、周期和要求**

<table>
<tr><th>序号</th><th>器具</th><th>项　目</th><th>周　期</th><th colspan="4">要　　求</th><th>说　　明</th></tr>
<tr><td rowspan="10">1</td><td rowspan="10">电容型验电器</td><td>A. 启动电压试验</td><td>1 年</td><td colspan="4">启动电压值小高于额定电压的 40%，不低于额定电压的 15%</td><td>试验时接触电极应与试验电极相接触</td></tr>
<tr><td rowspan="9">B. 工频耐压试验</td><td rowspan="9">1 年</td><td rowspan="2">额定电压（kV）</td><td rowspan="2">试验长度（m）</td><td colspan="2">工频耐压（kV）</td><td rowspan="9"></td></tr>
<tr><td>1min</td><td>5min</td></tr>
<tr><td>10</td><td>0.7</td><td>45</td><td></td></tr>
<tr><td>35</td><td>0.9</td><td>95</td><td></td></tr>
<tr><td>66</td><td>1.0</td><td>175</td><td></td></tr>
<tr><td>110</td><td>1.3</td><td>220</td><td></td></tr>
<tr><td>220</td><td>2.1</td><td>440</td><td></td></tr>
<tr><td>330</td><td>3.2</td><td></td><td>380</td></tr>
<tr><td>500</td><td>4.1</td><td></td><td>580</td></tr>
</table>

续表

<table>
<tr><th>序号</th><th>器具</th><th>项　目</th><th>周　期</th><th colspan="4">要　　求</th><th>说　明</th></tr>
<tr><td rowspan="10">2</td><td rowspan="10">携带型短路接地线</td><td>A. 成组直流电阻试验</td><td>不超过5年</td><td colspan="4">在各接线鼻之间测量直流电阻，对于25、35、50、70、95、120mm² 的各种截面，电阻值应分别小于0.79、0.56、0.40、0.28、0.21、0.16Ω/m</td><td>同一批次抽测，不少于2条，接线鼻与软导线压接的应该做试验</td></tr>
<tr><td rowspan="9">B. 操作棒的工频耐压试验</td><td rowspan="9">4年</td><td rowspan="2">额定电压（kV）</td><td rowspan="2">试验长度（m）</td><td colspan="2">工频耐压（kV）</td><td rowspan="9">试验电压加在护环与紧固头之间</td></tr>
<tr><td>1min</td><td>5min</td></tr>
<tr><td>10</td><td></td><td>45</td><td></td></tr>
<tr><td>35</td><td></td><td>95</td><td></td></tr>
<tr><td>66</td><td></td><td>175</td><td></td></tr>
<tr><td>110</td><td></td><td>220</td><td></td></tr>
<tr><td>220</td><td></td><td>440</td><td></td></tr>
<tr><td>330</td><td></td><td></td><td>380</td></tr>
<tr><td>500</td><td></td><td></td><td>580</td></tr>
<tr><td>3</td><td>个人保安线</td><td>成组直流电阻试验</td><td>不超过5年</td><td colspan="4">在各接线鼻之间测量直流电阻，对于10、16、25mm² 的各种截面，电阻值应小于1.98、1.24、0.79Ω/m</td><td>同一批次抽测，不少于两条</td></tr>
<tr><td rowspan="9">4</td><td rowspan="9">绝缘杆</td><td rowspan="9">工频耐压试验</td><td rowspan="9">1年</td><td rowspan="2">额定电压（kV）</td><td rowspan="2">试验长度（m）</td><td colspan="2">工频耐压（kV）</td><td rowspan="9"></td></tr>
<tr><td>1min</td><td>5min</td></tr>
<tr><td>10</td><td>0.7</td><td>45</td><td></td></tr>
<tr><td>35</td><td>0.9</td><td>95</td><td></td></tr>
<tr><td>66</td><td>1.0</td><td>175</td><td></td></tr>
<tr><td>110</td><td>1.3</td><td>220</td><td></td></tr>
<tr><td>220</td><td>2.1</td><td>440</td><td></td></tr>
<tr><td>330</td><td>3.2</td><td></td><td>380</td></tr>
<tr><td>500</td><td>4.1</td><td></td><td>580</td></tr>
<tr><td rowspan="10">5</td><td rowspan="10">核相器</td><td rowspan="3">A. 连接导线绝缘强度试验</td><td rowspan="3">必要时</td><td>额定电压（kV）</td><td>工频耐压（kV）</td><td>持续时间（min）</td><td></td><td rowspan="3">浸在电阻率小于100Ω·m的水中</td></tr>
<tr><td>10</td><td>8</td><td>5</td><td></td></tr>
<tr><td>35</td><td>28</td><td>5</td><td></td></tr>
<tr><td rowspan="3">B. 绝缘部分工频耐压试验</td><td rowspan="3">1年</td><td>额定电压（kV）</td><td>试验长度（m）</td><td>工频耐压（kV）</td><td>持续时间（min）</td><td rowspan="3"></td></tr>
<tr><td>10</td><td>0.7</td><td>45</td><td>1</td></tr>
<tr><td>35</td><td>0.9</td><td>95</td><td>1</td></tr>
<tr><td rowspan="3">C. 电阻管泄漏电流试验</td><td rowspan="3">半年</td><td>额定电压（kV）</td><td>工频耐压（kV）</td><td>持续时间（min）</td><td>泄漏电流（mA）</td><td rowspan="3"></td></tr>
<tr><td>10</td><td>10</td><td>1</td><td>≤2</td></tr>
<tr><td>35</td><td>35</td><td>1</td><td>≤2</td></tr>
<tr><td>D. 动作电压试验</td><td>1年</td><td colspan="5">最低动作电压应达0.25倍额定电压</td></tr>
</table>

续表

序号	器具	项　目	周　期	要　求				说　明
6	绝缘罩	工频耐压试验	1年	额定电压(kV)	工频耐压(kV)	持续时间(min)		
				6～10	30	1		
				35	80	1		
7	绝缘隔板	A. 表面工频耐压试验	1年	额定电压(kV)	工频耐压(kV)	持续时间(min)		电极间距离300mm
				6～35	60	1		
		B. 工频耐压试验	1年	额定电压(kV)	工频耐压(kV)	持续时间(min)		
				6～10	30	1		
				35	80	1		
8	绝缘胶垫	工频耐压试验	1年	电压等级	工频耐压(kV)	持续时间(min)		使用于带电设备区域
				高压	15	1		
				低压	3.5	1		
9	绝缘靴	工频耐压试验	半年	工频耐压(kV)	持续时间(min)	泄漏电流(mA)		
				15	1	≤7.5		
10	绝缘手套	工频耐压试验	半年	电压等级	工频耐压(kV)	泄漏电流(mA)	持续时间(min)	
				高压	8	≤9	1	
				低压	2.5	≤2.5	1	
11	导电鞋	直流电阻试验	穿用不超过200h	电阻值小于100kΩ				

附表3　　起重机具检查和试验周期、质量参考标准表

序号	起重工具名称	检查与试验质量标准	检查与预防性试验周期
1	白棕绳	检查：绳子光滑、干燥、无磨损现象	每月检查一次
		试验：以2倍容许工作荷重进行10min的静力试验，不应有断裂和显著的局部延伸现象	每年试验一次
2	钢丝绳（起重用）	检查：①接扣可靠，无松动现象；②钢丝绳无严重磨损现象；③钢丝断裂根数在规程规定限度以内	每月检查一次（非常用的钢丝绳在使用前应进行检查）
		试验：以2倍容许工作荷重进行10min的静力试验，不应有断裂和显著的局部延伸现象	每年试验一次
3	铁链	检查：①链节无严重锈蚀，无磨损；②链节无裂纹	每月检查一次
		试验：以2倍容许工作荷重进行10min的静力试验，链条不应有断裂、显著的局部延伸及个别链节拉长等现象	每年试验一次

续表

序号	起重工具名称	检查与试验质量标准	检查与预防性试验周期
4	葫芦（绳子滑车）	检查：①葫芦滑轮完整灵活；②滑轮吊杆（板）无磨损现象，开口销完整；③吊钩无裂纹、变形；④棕绳光滑无任何裂纹现象（如有损伤须经详细鉴定）；⑤润滑油充分	每月检查一次
		试验：①新安装或大修后，以 1.25 倍容许工作荷重进行 10min 的静力试验后，以 1.1 倍容许工作荷重作动力试验，不应有裂纹、显著局部延伸现象；②一般的定期试验，以 1.1 倍容许工作荷重进行 10min 的静力试验	每年试验一次
5	夹头、卡环等	检查：丝扣良好，表面无裂纹	每年检查一次
		试验：以 2 倍容许工作荷重进行 10min 的静力试验	每年试验一次
6	电动及机动绞磨	检查：①齿轮箱完整，润滑良好；②吊杆灵活，铆接处螺丝无松动或残缺；③钢丝绳无严重磨损现象，断丝根数在规程规定范围以内；④吊钩无裂纹变形；⑤滑轮、滑杆无磨损现象；⑥滚筒突缘高度至少应比最外层绳索的表面高出该绳索的一个直径，吊钩放在最低位置时，滚筒上至少剩有 5 圈绳索，绳索固定点良好；⑦机械转动部分防护罩完整，开关及电动机外壳接地良好；⑧卷扬限制器在吊钩升起距起重构架 300mm 时自动停止；⑨荷重控制器动作正常；⑩制动器灵活良好	6 个月检查一次；第③项应使用前进行检查；第⑦～⑩项应每月试验检查一次
		试验：①新安装的或经过大修的以 1.25 倍容许工作荷重升起 100mm 进行 10min 的静力试验后，以 1.1 倍容许工作荷重作动力试验，制动效能应良好，且无显著的局部延伸；②一般的定期试验，以 1.1 倍容许工作荷重进行 10min 的静力试验	每年试验一次
7	千斤顶	检查：①顶重头形状能防止物件的滑动；②螺旋或齿条千斤顶，防止螺杆或齿条脱离丝扣的装置良好；③螺纹磨损率不超过 20%；④螺旋千斤顶，自动制动装置良好	每年检查一次
		试验：①新安装的或经过大修的，以 1.25 倍容许工作荷重进行 10min 的静力试验后，以 1.1 倍容许工作荷重作动力试验，结果不应有裂纹和显著局部延伸现象；②一般的定期试验，以 1.1 倍容许工作荷重进行 10min 的静力试验	每年试验一次
8	吊钩、卡线器、双钩紧线器	检查：①无裂纹或显著变形；②无严重腐蚀、磨损现象；③转动部分灵活、无卡涩现象	半年检查一次
		试验：以 1.25 倍容许工作荷重进行 10min 静力试验，用放大镜或其他方法检查，不应有残余变化、裂纹及裂口	每年试验一次
9	抱杆	检查：①金属抱杆无弯曲、变形，焊口无开焊；②无严重腐蚀；③抱杆帽无裂纹、变形	每月查一次、使用前检查
		试验：以 1.25 倍容许工作荷重进行 10min 静力试验	每年试验一次
10	其他起重工具	试验：以大于等于 1.25 倍容许工作荷重进行 10min 静力试验（无标准可依据时）	每年试验一次、使用前检查

参 考 文 献

[1] 陈昌言，阎善玺．35～220kV送电线路施工技术．北京：中国电力出版社，2002.
[2] 韩崇，韩志军．架空送电线路施工技术问答．北京：中国电力出版社，2005.
[3] 四川省电力公司．四川省电力公司生产人员岗位培训标准．成都：成都电子科技大学出版社，2005.
[4] 汤晓青．输电线路施工．北京：中国电力出版社，2008.
[5] DL/T 5168—2002《110～500kV架空电力线路工程施工质量及评定规程》.
[6] DL 5009.2—2004《电力建设安全工作规程　第2部分：架空电力线路》.
[7] DL/T 5092—1999《110～500kV架空送电线路设计技术规程》.
[8] 国家电网公司．国家电网公司电力建设安全健康与环境管理工作规定，2003.
[9] GB 50233—2005《110～500kV架空送电线路施工及验收规范》.
[10] DL/T 875—2004《输电线路施工机具设计、试验基本要求》.
[11] GB 50173—1992《35kV及以下架空电力线路施工及验收规范》.
[12] DL 409—1991《电业安全工作规程》.
[13]《国家电网公司电力安全工作规程（电力线路部分）》．国家电网安监［2005］83号.
[14]《电力建设施工技术管理导则》．国家电网工［2003］153号.
[15] GB 175—1999《硅酸盐水泥、普通硅酸盐水泥》.
[16] GB 1344—1999《矿渣硅酸盐水泥、火山灰质硅酸盐水泥及粉煤灰硅酸盐水泥》.
[17] GB 12958—1999《复合硅酸盐水泥》.
[18] GB/T 3608—1993《高处作业分级》.
[19] GB 12330—1990《体力搬运重量限值》.
[20] GB/T 4200—1997《高温作业分级》.
[21] GB 12167—1990《带电作业铝合金紧线夹具》.